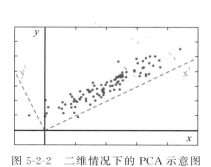

图 5-2-2　二维情况下的 PCA 示意图

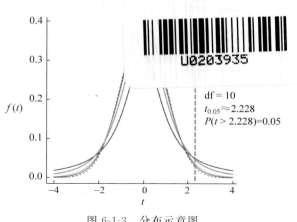

df = 10
$t_{0.05} \approx 2.228$
$P(t > 2.228) = 0.05$

图 6-1-3　分布示意图

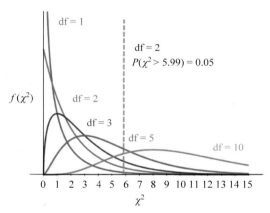

df = 2
$P(\chi^2 > 5.99) = 0.05$

图 6-1-4　卡方分布示意图

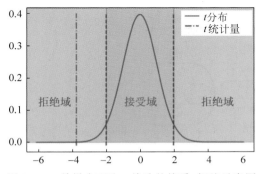

图 6-1-5　单样本双边 t 检验的接受、拒绝示意图

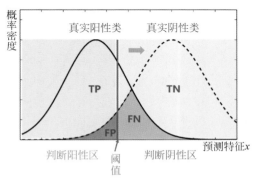

图 6-4-2　以简单线性分类为例的指标权衡

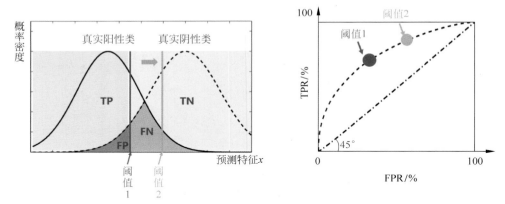

图 6-4-3　ROC 曲线绘制示意图

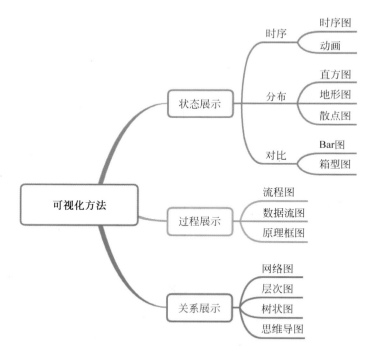

图 7-2-1　根据要传递的信息确定可视化方法(思维导图形式)

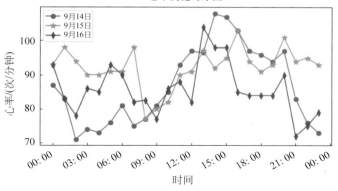

图 7-2-2　时序图举例

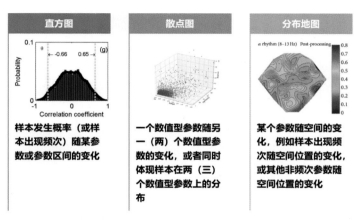

图 7-2-3　分布展示时的可视化方法选取

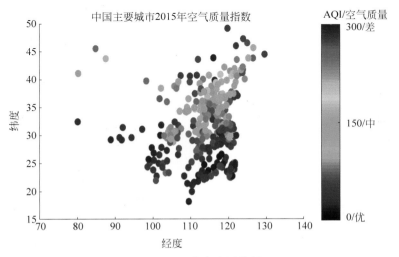

图 7-2-4　分布地图举例

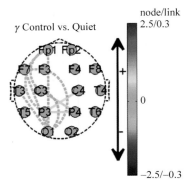

图 7-2-5　网络图举例

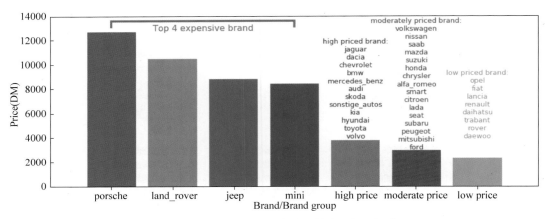

图 7-2-6　40 个品牌二手车价格较合适的可视化

面向新工科的电工电子信息基础课程系列教材

教育部高等学校电工电子基础课程教学指导分委员会推荐教材

"十三五"江苏省高等学校重点教材　　　　　（2019-2-161）

数据科学导论
探索数据的奥秘

黄晓林　主　编

刘　斌　副主编

刘　钦　陈　颖　葛　云　编　著

清华大学出版社

北京

内 容 简 介

本书从数据科学的"科学"性出发，着重介绍数据科学项目的规范化流程以及各步骤所涉及的数据科学基本概念与原理。全书共包含六大部分：问题与目标、数据获取、Python 基础、探索性数据分析、建模与性能评估、结果展示。

本书可作为大专院校数据科学相关专业的导论性教材或参考书，也适合所有对数据科学感兴趣的学生和社会读者自学。本书配套的慕课"探索数据的奥秘"已在中国大学 MOOC 网上线。

图书在版编目（CIP）数据

数据科学导论：探索数据的奥秘/黄晓林主编.—北京：清华大学出版社，2020.10（2025.1重印）
面向新工科的电工电子信息基础课程系列教材
ISBN 978-7-302-56169-9

Ⅰ.①数…　Ⅱ.①黄…　Ⅲ.①数据处理－高等学校－教材　Ⅳ.①TP274

中国版本图书馆 CIP 数据核字（2020）第 143479 号

责任编辑：文　怡
封面设计：王昭红
责任校对：焦丽丽
责任印制：丛怀宇

出版发行：清华大学出版社
　　　　　网　　　址：https://www.tup.com.cn，https://www.wqxuetang.com
　　　　　地　　　址：北京清华大学学研大厦 A 座　　　　　邮　　编：100084
　　　　　社 总 机：010-83470000　　　　　　　　　　　邮　　购：010-62786544
　　　　　投稿与读者服务：010-62776969，c-service@tup.tsinghua.edu.cn
　　　　　质量反馈：010-62772015，zhiliang@tup.tsinghua.edu.cn
　　　　　课件下载：https://www.tup.com.cn，010-83470236
印 装 者：大厂回族自治县彩虹印刷有限公司
经　　　销：全国新华书店
开　　　本：185mm×260mm　　印　张：11.25　　彩　插：2　　字　数：268 千字
版　　　次：2020 年 10 月第 1 版　　　　　　　　　　　　印　次：2025 年 1 月第 5 次印刷
印　　　数：7501～8500
定　　　价：45.00 元

产品编号：086741-01

前　言

伴随当前传感、网络与通信、存储技术的大力发展,社会生活中的方方面面每天都产生、积累着大量数据,对这些数据的有效处理与及时应用的需求带来了对传统数据分析领域的新挑战。针对上述挑战,近年来以互联网为代表的工业界引领了数据科学的热潮。然而,随着数据科学在业界的流行,一些由于基本概念不清晰或应用不规范而带来的结论误导(如有偏样本搜集、p 值欺骗等)问题也开始日益凸显,进而引起了学术界的关注。

数据科学是应用"科学"的方法、流程、算法和系统,从多种形式的结构化或非结构化数据中提取知识和洞见的交叉学科。其内容跨越数学、计算机、信息学、系统科学等多领域,难以分门别类进行介绍。而已有的一些相关书籍,多偏重工具的应用和技巧,对数据科学中的"科学"元素甚少涉及。本书立足于"科学"性,从学术的严谨性出发,着重确立数据科学中的各种基本概念与原理,建立数据科学完整的规范化流程。

具体而言,本书将遵照严谨的科学探索流程,按"确定问题—制定目标—搜集数据—探索性数据分析—建立模型—性能评价—结果展示"的规范化步骤,依次介绍各环节的关键概念、原理和准则,并佐以丰富的案例分析,启发学生主动思考,在实践中培养学生严谨的科学思维方式及规范的数据科学流程,对于指导可靠的数据分析具有重要意义。

本书是对数据科学的导论性介绍,力求简洁、易懂,包含了丰富的案例。本书可作为高等院校相关专业的基础课或通识课教材,也适合作为对数据科学感兴趣的大专院校学生或社会读者的自学书籍。

本书的代码全部使用 Python 语言在 Jupyter Notebook 环境中编写,书中第 4 章将对 Python 和 Jupyter Notebook 做相应介绍,熟悉该内容的读者可以跳过该章。

2018 年,作者团队在南京大学电子科学与工程学院面向三年级本科生新开设了"数据科学导论"课程,教学内容和教案的编写借鉴了大量的国内外优秀教材以及国际知名高校的网络公开课。2019 年年底,本课程的慕课版"探索数据的奥秘"在中国大学MOOC 网正式上线。在线下和线上课程的开设过程中,同学们都给予了积极热情的反馈。基于他们的反馈意见,作者团队对教学内容及其组织形式、分析案例等进行了多次调整与完善,最终形成了本书。在此,也向所有参加过线下与线上课程学习的同学们表示感谢。

在本书编写团队中,黄晓林任主编,负责整体内容的规划、组织与全书行文,刘斌任副主编并编写第 3、7 章部分内容,刘钦编写第 4 章部分内容,陈颖编写第 6 章中决策树相关部分,葛云编写第 1 章中部分应用案例。研究生张羽祺、王珵、余强、奚菁对本书部分图

前　言

表的绘制提供了帮助,在此向他们表示感谢。

感谢南京大学电子科学与工程学院徐骏教授、施毅教授、王自强副教授,南京大学教务处施佳欢老师、宋晓青老师等,本书从最初新建课程到现在教材定稿,每一步的进展都离不开他们的大力支持。感谢马小飞博士提供业界动态,感谢南京邮电大学地理与生物信息学院王俊教授和南京师范大学教育科学学院王蔚教授为本书提出的宝贵意见。感谢清华大学出版社文怡编辑等同志,是他们的辛勤工作保障了本书的顺利出版。

本书配套有微课视频(请观看中国大学 MOOC 网"探索数据的奥秘"课程视频),书中所有源代码、课件均随书提供下载(扫描二维码),可供读者自学或作为教学等非商业目的使用。

由于作者水平有限,书中难免有不当之处,欢迎读者批评指正。

作　者

2020 年 8 月

大纲＋课件＋源代码

目录

目录

目录

第 1 章

绪论

伴随当前数据采集、传输、存储以及互联网技术的大力发展,社会生活中的方方面面每天都产生、积累着大量数据,对这些数据的有效处理与及时应用的需求带来对传统数据分析领域的新挑战。面向新的挑战,数据科学重新回归大众视野并获得了空前的关注。

作为全书开篇,本章将介绍为什么需要研究数据科学,明确数据科学相关的基本概念、数据科学项目涉及的人员及其任务、数据科学的流程以及其中的数据流。

1.1 为什么要研究数据科学

大家可能多少都会有所体会:当前我们正处于一个数据的时代。

传感技术的发展,让我们能越来越容易地采集到各种数据:全球卫星定位系统(Global Positioning System,GPS)在时刻追踪着飞机、轮船、汽车乃至个人的位置,为我们构建智慧交通;遍布城市各个角落的摄像头在全年无休地捕捉着城市动态,以保障现代大都市运行正常有序;运动腕表在全天候监测我们的运动及生命体征数据,为我们提供健康建议;而微博或朋友圈则在记录着我们日常生活中的喜怒哀乐与点点滴滴。

互联网与通信技术的发展,又让我们获得的这些数据得以快速流动与传播。据工业和信息化部报告,2018 年我国手机上网流量达到 702 亿 GB,比上年增长 198.7%,这些流量所承载的都是数据。数据的流动给我们的工作、生活带来了巨大的便利,让普通人也能紧紧跟随现代社会飞速前行的脚步。

存储技术的发展则为数据的积累与长期保存提供了可能。20 世纪 80 年代以来,技术性的人均信息存储容量每 40 个月即翻一番,为我们将获得的数据长期保存提供了技术支持。保存下来的数据蕴藏着丰富的故事,让我们可以回溯过去,也支撑我们期许未来。

可以认为,传感技术、互联网与通信技术、存储技术,是我们进入数据时代的三大支撑技术(见图 1-1-1),在它们的高速发展下,我们所面临的数据正在呈爆炸性增长,例如互联网上的数据每两年即翻一番;另据国际数据公司(International Data Corporation,IDC)研究报道,2012 年全球每日产生数据量为 2.5×10^{18} 字节,预计 2025 年将达到 175×10^{21} 字节,中国的数据量在未来七年中会以年均 30% 的增长率增长,在 2025 年前即成为世界上最大的数据体。

| 传感技术 | 互联网与通信技术 | 存储技术 |

图 1-1-1　数据时代的三大支撑技术

　　这是一个全新的时代。一方面,这些数据中蕴藏着巨大的资源,需要我们去挖掘;另一方面,我们面临的数据体量大到其中大部分数据我们可能都无法看到,同时其中的信息也复杂到我们无法借助传统方法直接理解。因此,针对海量、低价值密度数据的科学处理方法面临迫切需求。在这样的背景下,2007—2009 年,Jim Gray 和 Tony Hey 等相继提出:现代科学范式正在转变,继实验、理论与计算之后,数据科学已成为人类探索世界的第四科学范式。

　　数据科学本不是一个新概念,但近年来,互联网行业凭借其数据资源的优势,推动掀起了数据科学的热潮。我们或多或少都听说过一些经典案例:谷歌公司开发了 Google Flu Trends(GFT),能通过对其搜索引擎中的热点词分析来预测区域性流感爆发;亚马逊公司销售额的 1/3 来自其基于用户数据分析的个性化推荐系统;Netflix 公司通过对用户行为数据的分析来决定剧本、导演、演员甚至播放方式,最终打造出了大受欢迎的美剧《纸牌屋》。诸如此类的精彩故事将数据科学带入大众视野,并以最浅显直接的经济效益或社会效益向人们诠释出数据的价值。2011 年 6 月,麦肯锡公司在一项研究报告中称"对企业来说,海量数据的运用将成为未来竞争和增长的基础";IBM 公司执行总裁罗睿兰认为"数据将成为一切行业当中决定胜负的根本因素,最终数据将成为人类至关重要的自然资源"(见图 1-1-2)。在工业界推动下,2012 年,数据科学家被《哈佛商业评论》杂志誉为"21 世纪最性感的工作"(见图 1-1-3)。同年,美国投资 2 亿美元拉动大数据相关产业发展,联合国发布大数据白皮书。2017 年 12 月 8 日,习近平总书记在中共中央政治局第二次集体学习时指出:"要深入了解大数据发展现状和趋势及其对经济社会发展的影响……推动实施国家大数据战略。"可见,数据资源在未来发展中的战略地位已在各国获得广泛认可。

图 1-1-2　IBM 公司执行总裁罗睿兰 2014 年 5 月
在 CNBC 上的访谈

(图片来源 https://www.dmnews.com/customer-experience/news/
13057433/big-data-is-the-worlds-natural-resource-for-the-next-
century-ibm-ceo-ginni-rometty)

　　然而,一方面,大数据,特别是常见的非结构化、低价值密度数据,其有效处理与应用给传统数据分析领域带来了新的挑战;另一方面,伴随着数据分析被广泛应用后产生的

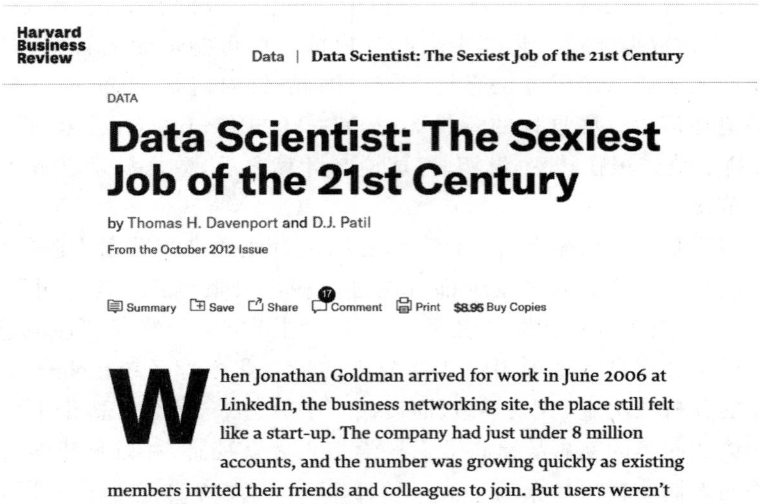

Harvard Business Review

Data | Data Scientist: The Sexiest Job of the 21st Century

DATA

Data Scientist: The Sexiest Job of the 21st Century

by Thomas H. Davenport and D.J. Patil

From the October 2012 Issue

Summary Save Share 17 Comment Print $8.95 Buy Copies

When Jonathan Goldman arrived for work in June 2006 at LinkedIn, the business networking site, the place still felt like a start-up. The company had just under 8 million accounts, and the number was growing quickly as existing members invited their friends and colleagues to join. But users weren't

图 1-1-3 《哈佛商业评论》杂志称数据科学家为“21 世纪最性感的工作”

（图片来源 https://hbr.org/2012/10/data-scientist-the-sexiest-job-of-the-21st-century）

各种“神奇”结论，学术界对某些流行观点与做法的争议也逐渐凸显。例如，美国的一位明星科学家（曾担任美国农业部营养政策及推广中心执行主任）Brian Wansink 教授，在 2016 年发表了一篇博客，表扬他的一位博士生从失败实验的数据中挖掘出了有价值的结果并以此为基础发表了 5 篇学术论文。Wansink 教授的这番言论很快受到广泛关注，学术界开始质疑其研究的可靠性并展开了调查。调查结果显示，Wansink 教授在数据分析过程中存在着 p-hacking（p 值欺骗）等多种错误或不规范行为。最终 Wansink 教授撤回了 17 篇已发表的学术论文，并迫于压力于 2019 年 6 月 30 号从任职的康奈尔大学提前退休。

工业界对于数据科学的关注，则更多体现在应用层面。其代表思想之一是关注“相关性”而非“因果性”，这至少部分来源于“科学”与“工程学”本身的差异。一般认为，科学重在“发现”自然界中的规律，重在回答“Why”的问题，即探寻潜在原因或机制，在这个过程中，为了剥离混杂因素的影响，允许设定现实中无法达到的理想前提。而当前以工业界应用为主的“数据科学”则带有显著的工程思维的特性，重在“实现”，重在回答在现实的前提下，以最低的代价“How to do”的问题，即直面现实前提解决当前问题，同时追求投入—产出比的最小化，哪怕不清楚其潜在的机制或因果关系。

当然，工程化的解决方案是时效性要求的产物，并不代表科学思维的落败。当科学研究发展到一定阶段，能满足现实前提和低的投入—产出比时，科学研究的成果就会投入工程领域应用。因此科学思维与工程思维是人类面临问题的两种不同层面或不同阶段的思维方式，本质上并不矛盾。

经过过去几年数据科学项目的试错，人们已经意识到，“数据科学”并不能真正抛开对于“Why”的关注与思考，对于“Why”的回答，有时恰恰是甄别一个数据科学项目的过程或结论可靠性的重要依据。而我们也相信，随着众多概念的严谨化完善，以及规范化流程的逐步建立,"数据科学"在可靠应用于工业界现实需求的同时,还能为我们深入探索数据背后潜在系统的科学规律打开一扇窗。

1.2 基本概念

1.2.1 数据

顾名思义,数据科学是研究数据的科学。那么什么是数据? 提到数据,相信大家最先想到的就是数字。数字是最基本的数据,但数据并不局限于数字。传感与信息技术发展到今天,声音、图像传感器采集到的物理、生物、化学指标等各种可记录、可表征的数量、性质都是数据。此外,互联网上的一次访问或交易,用户的一次评价等对于行为的描述与记录也能构成数据。所以,无论采取何种形式,只要是对现实中某种事物或事物间关系进行数量或性质表征与记录的,都可称为数据。或者说,数据是信息的载体。而我们研究数据,正是要透过各种各样的表现形式,去发现数据所承载的信息。

1.2.2 大数据

数据量多大规模时能称之为大数据呢? 其实,目前对于"大数据"并没有明确的规模界定。有观点认为,当数据量大到需要用并行计算工具处理时,即是大数据。但当我们定义大数据时,却常常不只看数据体量这一个维度。目前公认的,大数据具有通常所说的以下 4V 特点。

(1) 体量大(high volume)。

(2) 产生速度快而时效性高(high velocity)。数据增长速度快,同时数据具有高度的时效性,随着时间改变,数据的价值会很快流失,因而对数据处理速度的要求也很高,例如很多情况下都要求能进行实时分析。

(3) 类型繁多(high variety)。不仅仅是单一类型的数据,文本、语音、图像等不同媒介的数据,结构化、非结构化的数据全部混杂在一起。

(4) 高度真实而价值密度低(high veracity)。数据价值与数据体量之间没有正比例关系,大体量的数据中常常只蕴藏了很小的价值,例如 24 小时监控数据中有用的可能只有其中极少的部分,高度真实和冗余伴随的是低价值密度。

在上述 4V 特点下,相应地大数据的分析处理也较传统数据分析有所改变。例如,有部分观点认为大数据使我们面临数据的全体,而不再是部分或抽样;又如,有人认为在大数据时代我们对不精确性的容忍度变得更高了,可接受一定的混杂性;再如,大数据分析更着重刻画或寻找相关性,而非因果性。这些观点在应用层面有一定的适用性,但就科学层面而言,却并未获得学术界的一致认可。例如,我们获得的数据量比以往大了,但并不一定就真的是"全体"了,特别是,当前绝大多数的数据科学任务其根本都是从已知推测未知,既然存在"未知",那么已知的就不是"全体",所以这里所谓的"全体"只是一个相对的概念;再如,现阶段我们可以只关注相关性,但如果可以做到,我们并不排斥考察因果性,或者说科学总是力图诠释因果的;最后,对于不精确性的容忍,其本质上是用数据的多样化和大体量带来的冗余来补偿的,当这种补偿达不到预期效果时,对数据精确性的要求也势必会提高。

总之,随着"大数据"时代的深入,我们对于海量数据分析的理解也在不断尝试中调整,真正具备科学意义的本质概念与原则会在这一过程中沉淀下来。

例 1-2-1 相关性和因果性举例。

解析:关于关注"相关"而非"因果",我们不妨通过一个小故事来体会一下。1993年,美国学者艾格拉沃提出了 Aprior 算法,通过分析购物篮中的商品集合,找出商品间关系,然后研究或推测顾客的购买行为。沃尔玛公司很快就将 Aprior 算法引入了他们的POS 机数据分析。此后,超市管理人员分析销售数据时发现了一个有趣的现象:有一些看似毫无联系的商品,例如"啤酒"和"尿布",会经常出现在同一个购物篮中。于是,沃尔玛在布置卖场时就将这些体现出"相关性"的商品摆放在一起,并获得了商品销售收入的提升。在这里,是"啤酒"销售导致了"尿布"销售,抑或是反过来,都不是关注的重点,即不强调"因果性"。但既然两者有"相关性",那就摆放在一起方便顾客拿取,以达到促进销售的目的。

1.2.3 数据科学

什么是数据科学?维基百科中对于这一词条的定义是"应用科学的方法、流程、算法和系统从多种形式的结构化或非结构化数据中提取知识和洞见的交叉学科"。可见,为达到从数据中获取信息与知识的目的,所有对数据的采集、分类、存储、处理、分析、呈现等都可纳入数据科学的范畴(见图 1-2-1)。而这些过程,又涉及数学、统计学、计算机科学与工程、信息科学与工程、网络工程、系统科学及其应用相关的专业领域的多学科的交叉与融合,所以数据科学不是一门传统意义上的分立学科。

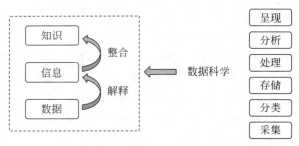

图 1-2-1 数据科学涉及的行为及目的

正因为数据科学的交叉融合特点,我们难以按经典学科分门别类的方式进行介绍。所以,本书尝试通过对完整的数据科学项目流程的介绍,让读者了解其中的基本概念和思维方法。

1.3 数据科学项目涉及的人员及其任务

在介绍数据科学项目的完整流程之前,我们先了解一下数据科学项目可能涉及的人员及其角色或任务。

一个数据科学项目,可能涉及的人员包括项目出资方、客户(或用户)、数据科学家、数据架构师和运营工程师(见图 1-3-1)。

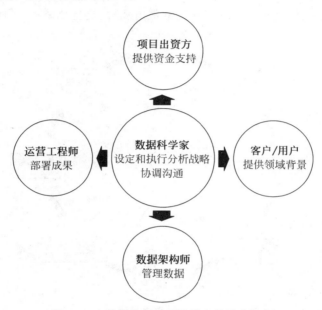

图 1-3-1　数据科学项目涉及人员及其任务

项目出资方为项目提供资金支持,往往代表了经济效益或社会效益的获利方。出资方是想得到项目结果的人,一个项目最终是成功还是失败很大程度上是由出资方来认定的。从这种意义上来说,出资方签收就是项目的最终目标。因此,在项目开始前就应该与出资方沟通获得清晰的目标;而在执行过程中,也应保持出资方的知悉与介入。

客户(或用户)是项目产品的使用者,代表着项目产品的最终用户利益。客户不需要精通数据分析与建模,但需要熟悉所涉及业务的流程,可以为数据科学团队提供专业领域背景知识的支持。

数据架构师负责数据管理和存储,例如数据库管理员;运营工程师负责管理基础设施和部署最终成果。这两个角色一般不会只服务于一个项目,数据科学家需与他们保持良好沟通以保证项目的运行与实施。

数据科学家是数据科学项目中最核心的人员,其任务包括:设定项目战略,保证客户知悉,设定项目计划,跟踪、挑选数据源及工具,以及数据的检查、处理、分析、结果评价等数据科学工作。

综上所述,一个数据科学项目,会涉及多种角色,他们的目的不同,关注点与任务也不同。而数据科学家则不仅要做好核心的数据相关工作,还要在整个项目过程中贯穿始终,协调好不同角色间的沟通与交流,以保证整个项目顺利进行。

1.4　数据科学项目流程

一个完整的数据科学项目,起始于问题的提出(确定问题),经历制定目标、搜集数据、探索性数据分析、建立模型、性能评价、结果展示,最终通过模型的部署与使用以期实现问题的解决。该流程期间,允许(实际也常常出现)往复甚至循环(见图 1-4-1)。

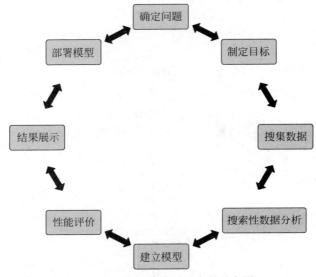

图 1-4-1　数据科学项目流程示意图

1.4.1　确定问题

问题的确定,既涉及用户层面的问题,又涉及数据科学层面的问题。就用户层面而言,需要通过与出资方和用户进行沟通,明确他们要解决的现实问题,明确出资方的动机与需求,并深入了解他们目前已经做到的,以及为什么还需要进一步完善。就数据科学层面而言,则涉及现实问题的抽象化描述:出资方和用户希望我们实现的究竟是预测、分类、打分或排名、聚类、关联分析,还是特征化? 不管是哪个层面,都应力求定位准确,并避免含糊或模棱两可。

1.4.2　制定目标

在明确问题与背景之后,结合我们能获得的资源,以及出资方最终对项目的部署计划,对我们有哪些约束,等等,我们可以制定该数据科学项目的目标。与问题一样,目标设定也分别涉及应用层面和数据科学层面,两个层面都应力求明确、具体,应该是可验证、可量化的目标。

例 1-4-1 以下几个目标中,哪个或哪些是合适的?

A. 改进后的推荐系统能大大提高网站的交易量

B. 新的诊断模型能将 X 疾病的诊断准确率提高 3%

C. 新的风险评估模型能有效降低本行的不良贷款

D. 对 90% 的案例,X 疾病发作前 2 小时,预警系统就能发出报警,假阳性率不高于 15%

解析:我们设定的目标是最后项目被验收的依据,必须是明确具体、可量化的,不能模棱两可、含含糊糊,所以选项 A 和 C 中的"大大提高""有效降低"都不符合要求;而选项 B 和 D 中,目标则足够明确与具体。我们始终不要忘记,在科学的世界里,准确、严谨永远是我们应秉承的态度。

1.4.3 搜集数据

接下来,就进入了搜集数据的方案设计和实施阶段。这一步中,我们首先要明确搜集什么数据? 或者,如果大的数据池已经具备,我们需要了解"已有数据能对所定义的问题和拟实现的目标提供足够有效的支撑吗?"确定后,我们要设计并实施实验,获取这些数据。在这一过程中,我们要密切关注现实情况,并尝试回答"我能获得的数据量是多少? 数据质量如何? 我的搜集方案是否公平合理?"等问题。

1.4.4 探索性数据分析

拿到数据后,我们并不会马上开始建模,而是要先进行探索性数据分析(Exploratory Data Analysis,EDA)。在 EDA 的过程中,我们会初步了解数据特性,并形成一些初步假设,为后续的建模提供基础和准备。有的读者可能会有疑问:既然都是了解数据,为什么 EDA 是必要的呢? 现在的模型既强大又能自动化,为什么不直接进入建模,让模型自己分析呢? 确实,我们现在常常会为各种模型在一些成功应用上体现出来的强大能力所折服。但同时我们也要时刻保持清醒,如果输入的是未经甄别的坏数据,再聪明的模型也得不到可靠、可信的结果。而 EDA 正是让我们避免无用功、避免常识性错误,保证在后续分析中有的放矢的必要步骤。

1.4.5 建立模型

建立模型是数据科学家最核心的工作之一,数据分析工作主要在该阶段完成。建模同样要基于任务或目标,结合 EDA 的结果,选择并构建合适的模型。常见的模型包括统计学模型、回归、贝叶斯分类器、神经网络和随机森林等。不同的模型适用于不同的任务,没有放之四海皆准的万能模型。所以,即便模型是"人工智能"的,模型的选择也需要数据科学家的智慧。

1.4.6　性能评价

建模之后,我们的模型究竟是成功还是不成功,性能如何,还需要对其进行评价。在性能评价时需要关注三个方面的问题:用什么指标评价?指标的参照标准是什么?(即指标达到多少才算是好的或者可接受呢?)在什么数据对象上进行评价?

模型采用什么评价指标与模型的任务有关。对于预测问题,均方根误差或回归的 r^2 是常用评价指标;对于分类问题,常规的评价指标是混淆矩阵及其导出的各种参数;在特征提取中,接收者操作特征曲线(ROC)的曲线下面积(AUC)参数则是一个常用的指标;在统计学分析中,统计检验的 p 值、置信区间等统计学指标也常常被用作评价指标;在特定的领域,还会有结合专业背景的复合评价参数,等等。

那么指标做到多少算是可接受呢?对于一个有效的数据科学模型,其评价指标需优于以往实现同类任务的模型所实现的指标。在不了解以往工作的情况下,至少要优于空模型的指标。所谓空模型,是指最简单的模型。对于所搜集的数据本身不平衡的情况,要特别注意与空模型的比较。

例 1-4-2　空模型决定可接受的性能下限举例。

X 疾病在 Y 地区的发病率是 0.1%。A 机构宣称他们推出了一种针对 X 疾病的新型诊断方法,经在 Y 地区实验验证,可以达到 99% 的诊断准确率。请思考,这种新型诊断方法可以被接受吗?或者说它达到了空模型的性能吗?

解析:这个案例中我们要注意,Y 地区的发病率是 0.1%,这就导致了人群中患有 X 疾病和没有 X 疾病的两类人在数量上是严重不平衡的。没有 X 疾病的人达到了 99.9%。所以,如果我们建立一个对所有数据都判断为健康的简单模型,即空模型,正确率就能达到 99.9%,比题中新方法的准确率要高。因此,该方法没有达到空模型性能,我们不应该接受该方法。

这个例子同时也告诉我们,对于分类问题,笼统的准确率不是一个可靠指标。实际应用中,我们应该构造混淆矩阵,针对不同的类别,分别就混淆矩阵中的敏感性和特异性等指标进行考查。

最后,性能的评价是在什么数据上进行?建模过程中用过的数据,还是模型未曾见过的数据?如果模型的性能本身就与数据相关,那么如何做到尽可能公正地评价模型?这些都是我们要在性能评价中注意的问题。

1.4.7　结果展示

我们构建了成功的模型,达到了最初设定的目标,就需要验收项目,并汇报结果。在展现结果时,根据对象不同(出资方、用户、数据科学家),应采取不同的侧重。出资方或用户关心的内容和同行(数据科学家)关心的内容一定是不一样的,因此,报告呈现也应突出对象最关心的内容。同时,展现结果时采用的可视化方法,对于展示效果也非常重要,应注意选择清晰、自明性的方式。

1.4.8　部署模型

最后,模型还要投入真正的运行。通常此时数据科学家不再是主要负责人,但依旧要进行一些测试,以确保稳定运行和避免灾难性决策。

1.5　数据科学项目中的数据流

如只关注数据本身,我们还可以再看一下数据科学项目中的数据流。在整个流程中,数据先是被获取,其中包括数据方案的设计与实施;历经 EDA,其中包括预处理和初步分析等;然后通过建模进行信息挖掘,最终被解释和可视化。数据科学家最核心的任务都体现在数据流中(见图 1-5-1)。

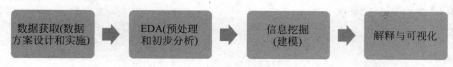

图 1-5-1　数据科学项目中的数据流

1.6　本书内容、采用工具和目标人群

本书将对大数据时代的数据分析——数据科学进行导论性介绍,包括数据科学的基本概念、基本流程与方法,特别强调数据科学项目中的科学思维方法。全书的逻辑由数据科学项目的完整流程来串联,我们会针对从问题提出到最终结果展示的各个阶段的基本方法与规范做系统性介绍。

本书的所有代码都基于 Python 语言编写,第 4 章将专门介绍 Python 的使用,确保没有 Python 基础的读者也能快速理解并使用书中的具体代码。如果读者已经熟练掌握了 Python 语言,那么直接跳过该章即可。

本书面向有志于成为数据科学家或对数据科学有浓厚兴趣的人群,以及各行各业中有数据分析需求的人群。阅读本书需要具备一定的高等数学、概率论以及计算机编程基础。

思考题

1-1　就大数据时代数据分析的三大变革("部分数据"到"全体数据","因果性"到"相关性","精确性"到"混杂性"),请谈谈你的体会与看法。

1-2　对于 150 个鸢尾花数据(50 个 setosa、50 个 versicolor、50 个 virginica)实施"是 setosa"和"不是 setosa"的二分类,能实现总体判别 accuracy 为 65%,请思考这个分类模型可接受吗?

第 2 章

问题与目标

随着数据科学的流行以及各种数据分析软件的普及，很多初涉该领域的人都习惯一开始就对手边的数据进行分析，输入模型，产生一系列的图表。然而，我们认为，一个规范的数据科学项目必须起始于问题的确定。我们必须先确定问题是什么，并根据问题制定目标，然后才能设计和执行后续步骤。本章将介绍如何确定问题与目标。

问题和目标都涉及两个层面，即现实世界的用户层面和抽象世界的数据科学层面（见图 2-0-1）。

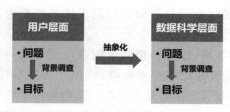

图 2-0-1　问题与目标的两个层面
及流程

2.1　用户层面的问题与目标

在用户层面我们面临的一般是一个现实世界中的具体问题。例如：

例 2-1-1　现实世界中用户层面的问题举例。

A. 你的客户（某银行）对他们目前的不良贷款率不满意，希望降低不良贷款。

B. 某个医疗机构对于某种疾病的早期诊断和预警不满意，认为在采用例行的紧急医护手段后死亡率依然过高，希望能通过提前预警降低死亡率。

C. 某个汽车销售门店对他们过去三个月的销售业绩不满意，想要找到原因并做出改善。

针对用户的诉求，我们应与用户充分沟通，明确具体问题后，做好充足的背景调查，然后制定相应的用户层面的目标。例如：

例 2-1-2　现实世界中用户层面的目标举例。

A. 常规的银行可接受的不良贷款率是多少？或者银行希望将不良贷款率降低到多少？

B. 该疾病的常规死亡率和该机构当前的死亡率分别是多少？该机构希望能降低到多少？

C. 门店过去三个月的销售业绩与更早之前的业绩分别是多少？门店在这期间有哪些销售上的调整？门店期望的销售业绩具体是多少？

正如我们在第 1 章中所要求的，制定的目标应越具体、明确越好。

用户层面的问题与目标涉及最后项目的验收，一旦明确，也就指出了我们努力的方向。然而，用户层面的目标并不能直接指示我们达到目标的路径。因此接下来，我们还需要解决第二个层面的问题。

2.2 数据科学层面的问题与目标

数据科学层面的问题与目标确定,其中的关键是现实问题的抽象化。例如,前面提到的降低不良贷款率或死亡率,提高销售业绩等这些现实目标,其数据科学本质是什么呢?

从数据科学的角度,可以把用户层面的问题或任务抽象为分类、预测、排序或打分、关联化、特征提取、聚类等。

分类是指对于给定的数据,依据一定的规则进行两个或两个以上的类别划分,获得的输出是针对输入的数据所分配的类别标签,例如,"阴性"/"阳性"、"真"/"假"、"类别Ⅰ"/"类别Ⅱ"/"类别Ⅲ"/等。分类是最常见的一类数据科学任务。

预测是指基于已知数据对将来状态做出估计或判断。预测的结果可以是连续的数量值,也可以是类别标签。例如,基于以往用户行为数据,估计该用户对某个将要投放的广告实施点击的概率;依据以往的天气数据,预测未来7天的天气;依据父母的身高,预测孩子成年时的身高,等等,都是预测问题。

排序/打分是指对于实体的某种或某些属性进行数量化描述或进行排序。例如,某单位根据员工的行为与业绩数据,找出前10名最优秀员工进行奖励。最简单的打分/排序是根据单一属性来进行。但现实情况中依据多个属性的任务需求越来越普遍,此时可以理解为用多个单一属性构造了一个复合属性,作为排序/打分的依据。

关联化/去关联化是指在实体的众多特征中,寻找有相互关联的特征以便相互替代,从而实现特征的相互"解释"或数据降维;而对于非关联的特征则需要予以保留,以实现对样本的全面描述。例如,某网站在其用户的众多特征中,找到与其年消费额最相关的或最不相关的特征;根据用户对电影的标签式评价,找到与票房最相关的或无关的因素。

特征提取是指基于实体的众多特征,构造最反映目标的,或最能指示某种分类或排序的复合特征。

聚类则是指根据样本间的相似度将样本分组。

不同的数据科学任务,其具体目标也有不同。例如,分类的目标可以由各种分类性能指标给出,预测目标可以由误差衡量指标或一些时间相关参数给出,等等,而这些目标正是最终我们进行性能评价的重要依据。

现在,我们回过头来看看之前例2-1-1和例2-1-2中的三个实例,在数据科学层面要如何定义问题和目标呢?

例2-2-1 数据科学层面的问题和目标。

A. 关于降低不良贷款率的任务,如果当前不良贷款率高是因为很多实际的"高风险客户"未被鉴别出来而被发放了贷款,那么项目需要实现的就是尽量把"高风险客户"识别出来。这样,现实问题就被抽象化为对贷款申请客户进行"普通客户"/"高风险客户"二分类的问题。相应地,我们就要考察现阶段银行对"高风险客户"的识别率(敏感性)是多少,业内可接受的识别率是多少,并设定我们的目标,即本项目将要达到多少识别率。

B. 关于疾病诊断的任务,医疗机构希望能实现对该疾病的早期预警,因此是一个预测问题。那么,我们需要了解目前的方法是在什么时间发现病人有危险的,我们需要将这个预警时间提前多少,才能达到降低死亡率的目标?

C. 关于汽车销售业绩的任务,我们要找到业绩不好的原因以便实施干预改善,那么到底哪些因素与销售业绩关联密切,这是一个关联化问题。进一步,能找出这些因素与业绩之间的相互作用表达式吗? 找到之后,做怎样的调整才有望实现销售业绩的目标?

基于类似上述几个例子中的思考,我们就能进一步确定数据科学层面的问题并制定相应的目标,而数据科学层面的问题与目标又能提示我们后续可能采用的模型,因此,我们通往目的地的路径开始变得明晰起来。

总结一下,一个数据科学项目应以明确问题为起始,针对要解决的问题制定相应的目标。而问题与目标需要从两个不同的层面来考虑:一个是直接面对出资方和用户的应用层面;一个是抽象化以后的数据科学层面。无论哪个层面,我们都不要忘记,要做好充足的背景调查,也就是深入了解这个问题目前已经能做到什么程度? 为什么还不够好? 在充分的调研以后,再展开我们的行动,这样才能充分借鉴已有的经验,让我们的项目在一个足够高的起点上向前推进。

思考题

2-1 "二战"期间,为了提高战斗机在战场上的生存率,同盟国决定为战斗机装上更厚的装甲,以防被敌方击落。但是,为了不过多增加战斗机重量(重量太重会影响灵活性并增加油耗),最好只给部分部位增加装甲。军方的需求是要确定给战斗机的哪个部位增加装甲。请问:从数据科学的观点,这是一个什么问题?

A. 分类   B. 预测   C. 排序   D. 关联化   E. 特征提取

2-2 又到了大学新生入学的时间。你作为学生会中的老干部,很荣幸接受了一项为新生匹配舍友的任务,每四个新生同住一间宿舍。有无穷活力的你,决定利用你所了解的数据科学来实现自动匹配,让个性、爱好相似的人成为舍友。请问:从数据科学的观点,这是一个什么问题?

2-3 一位葡萄酒经销商找到你,想了解酸度、剩余糖分、氯化物、酒精浓度、酸碱度等指标中究竟哪种指标最影响大众对葡萄酒的喜好程度。请问:从数据科学的观点,这是一个什么问题?

第 **3** 章

数据获取

明确问题和目标后,特别是数据科学层面的问题和目标确定后,我们需要明确必要的前提假设(pre-assumption),基于前提假设来设计数据的构成、明确总体和抽样方案,再搜集数据。

3.1 前提假设与数据方案设计

在这个过程中,首先我们需要根据任务提出前提假设,即我们要研究的问题或要进行的任务可能与哪些因素相关,然后根据前提假设设计数据方案,再对所设计的数据方案进行可行性分析,如果不能通过,就需要重新审视、调整方案;最后,根据可行的方案确定数据构成。数据方案的设计流程如图 3-1-1 所示。

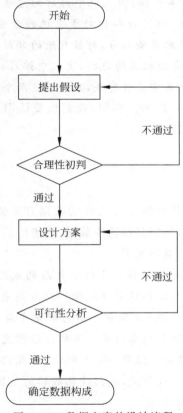

图 3-1-1 数据方案的设计流程

我们先以第 2 章中思考题 2-1 为例进行示范。

思考题 2-1 "二战"期间,为了提高战斗机在战场上的生存率,同盟国决定为战斗机装上更厚的装甲,以防被敌方击落。但是,为了不过多增加战斗机重量(重量太重会影响灵活性并增加油耗),最好只给部分部位增加装甲。军方的需求是要确定对战斗机的哪个部位增加装甲。

3.1.1　前提假设

思考题 2-1 中,我们已经确定这是一个排序问题,即对飞机各部位中弹后的危险性进行排序,对最危险的部分施以保护。那么对于这个排序问题,我们可以采取哪些假设并以此为前提进行数据搜集呢? 在以往的课堂上,同学们提出了各种假设,我们来看看其中三种有代表性的假设。

例 3-1-1　针对思考题 2-1 提出的前提假设。

A. 飞机各部位中弹的概率不一样,中弹概率越高的部位,带给飞机的危险越大,因此越需要保护。

B. 飞机各部位中弹概率不一样,但飞机中弹后的危险程度,除了与中弹概率有关,还与中弹对于该部位的破坏性,以及该部位对于飞机的重要性有关,应该综合上述三个因素对各部位中弹给飞机带来的危险打分,对最危险的部位进行保护。

C. 飞机各部位中弹概率是随机且均匀的,飞机中弹后的危险程度,与中弹对于该部位的破坏性和该部位对于飞机的重要性有关,应该就这两个因素对各部位打分。

显然,三种前提假设是不一样的。同时,我们也要认识到,既然是"假设",其是否符合真实情况还需要后续实验数据验证。

3.1.2　数据方案设计

那么,上述三种前提假设各自需要什么样的数据方案或实验来支持呢? 或者,换句话说,我们需要搜集哪些数据,如何获得这些数据,搜集的范围又是怎样的?

例 3-1-2　针对例 3-1-1 的数据方案。

A. 既然我们怀疑中弹概率的高低与飞机中弹后的危险性高度相关,就应该对所有参与实战的飞机,搜集每架飞机各部位中弹概率和对应的危险程度数据。这里需要明确两个量(中弹概率和飞机危险程度)的衡量。如何衡量中弹概率? 可以用单位面积的弹孔数,例如每平方分米面积的弹孔数来衡量。飞机危险程度又如何衡量? 例如尝试对飞机最终的残损程度进行打分评估。这样,在 A 假设下,我们确定了要搜集的数据——单位面积的弹孔数,以及飞机的残损程度,我们搜集数据的范围则是所有参与实战的飞机。这就是在 A 假设下的数据实验方案。

B. 在 A 假设的基础之上还增加了两个因素。因此,这两个因素也需要量化参数的衡量。中弹对于各部位的破坏性要怎么衡量? 有读者提出,可以用各部位能承受的中弹次数的倒数来衡量。那么各部位对于飞机的重要性怎么衡量呢? 有读者提出,各部位中弹后飞机能继续受控飞行的时间和里程可以用来衡量该部位的重要性。

C. 与 B 假设很接近,区别只在于认为各部位的中弹概率一样,所以 C 假设的数据方案可以参照 B。

通过例 3-1-2 可见,不同的前提假设会导致不同的数据方案或研究内容。因此,提出假设后,应认真审视,特别是在有可能出现不同假设前提时,要确定与事实最符合的假设。

3.1.3　数据获取的可行性分析

到目前为止,我们已针对前提假设提出了数据方案,接下来要考虑非常重要的一步,即怎么获取我们需要的数据? 这个时候,我们需要具体的获取方法,并认真评估方法的可行性。

例 3-1-3　针对例 3-1-2 的可行性分析。

A. 该方案的参数能获取吗? 单位面积的弹孔数(或称弹孔密度)、飞机残损程度,就参数本身而言,派人员对参加实战并返航的飞机去检查、去评估是可以的,但是,之前确定数据搜集范围是所有参战飞机,对未返航的飞机获取数据存在困难。

B. 该方案中,各部位能承受的中弹次数怎么获取? 有同学提出通过模拟战争场景的仿真实验获取。有条件当然是可以。但是如果没有实验条件呢? 对于已经参战的飞机,我们能获取这样的数据吗? 同样,各部位中弹后飞机能继续受控飞行的时间和里程,如果没有足够的技术条件,我们能事后进行数据获取吗? 不要忘记场景设置是在"二战"中。

C. 方案 C 的参数与方案 B 类似。

所以,对应于假设 B 和 C 的方案,我们虽然设计了数据方案,但缺乏立等可行的数据获取办法,只能放弃。方案 A 能对部分参战飞机获取到数据,但依然存在一些问题,我们后续再审视。

可见,即便设计好了数据方案,在真正进入数据搜集环节之前,还须认真思考各数据方案的可行性,如果方案中的数据是项目期限内无法获得的,则必须及时作出调整。事实上,我们在面向实际应用时,常常会遇到设想很美好实际却不可行的情况,因此,任何方案设计都不要忘记进行可行性分析。

3.1.4　确定数据构成

通过了可行性分析之后,就可以确定数据的构成了。通常而言,我们后续方便处理的数据都是"结构化"的数据。结构化的数据可以理解为一张不能再细分的二维表,表中一行代表一个存在且唯一的个体,一列代表一个属性。例如,例 3-1-2 的方案 A 中,一架飞机就是一个个体,飞机各部位的弹孔密度、飞机总体残损程度则是相应的属性。对一架具体的飞机,其对应的总体残损程度和各部位弹孔密度分别填入一行中的各列,不同的飞机填入不同的行,如表 3-1-1 所示,这样就构造出飞机数据的二维表格,也就是结构化的数据了。

表 3-1-1　例 3-1-3 中方案 A 的结构化数据

样本	残损程度打分	机翼弹孔密度	机身弹孔密度	引擎弹孔密度	...
战斗机 1					
战斗机 2					
...					

　　我们再看一下降低银行不良贷款率任务的例子。第 2 章中,我们已明确这是一个对申请贷款的用户做出"普通客户"/"高风险客户"二分类的任务。接下来,你会提出怎样的前提假设?如果你认为放贷风险与申请客户的历史信用、贷款目的、贷款金额、还款能力等有关,那你能确定需要哪些数据吗?对于这些数据,你有切实可行的获取方法吗?确定好可行的数据方案后,我们构造一张申请贷款的客户资料二维表格(见表 3-1-2),表格中每一行代表一位客户,每一列则反映一个我们想要获取的客户数据,例如历史信用、贷款期数(月)、贷款目的(购车、购房、教育或者普通消费)、贷款金额、储蓄或理财账户的余额、可支配月收入与月供比、房产、担保、抚养赡养人数、职业、婚姻状况、已有贷款金额和月供,等等,这样,贷款客户甄别任务的数据构成就确定了。

表 3-1-2　贷款客户甄别任务中的结构化数据

客户	历史信用	贷款期数	贷款目的	贷款金额	可支配月收入与月供比	...
客户 1						
客户 2						
...						

　　总结一下,在明确任务之后,我们需要提出前提假设。不同的假设很可能会涉及不同的数据,最终导致不同的研究内容,因此,在真正进入数据搜集环节之前,应认真审视,确定与事实最符合的假设。然后,根据前提假设,给出对应的数据方案,并认真思考获取方案中数据的可行性,如果方案中的数据是在项目期限内无法获得的,就必须及时作出调整。最后,根据确定下来的数据方案,就可以确定数据构成了。

3.2　总体和抽样

　　在确定数据构成后,就面临具体的数据搜集。一般而言,由于我们面临的预算、时间、人力等客观条件的限制,所能够搜集数据的范围常常是有限的。这时,我们需要明确地知道我们想研究的总体是什么?在无法获得总体时应选择什么样的抽样方案?所以,这里先介绍几个统计学的基本概念。

3.2.1 总体和个体

总体(population)是待研究对象的全体,总体中的每一个对象即是个体(individual)。在例 3-1-1 中,所有参战并中弹的战斗机就是潜在的研究总体。其中每一架单独的战斗机就是个体。

然而,通常总体是难以获得的。例如,例 3-1-1 的战斗机问题中,军方无法获得所有的参战并中弹的飞机的数据,因为会有一些被严重破坏的飞机根本无法返航。即便是当前的大数据时代,也不能轻易认为我们已经拥有总体的数据。事实上,数据科学项目的多数任务某种程度上都可以理解为从已知去推断未知,既然存在着未知,那么我们已知的就不能称为总体。因此,数据搜集是一种从总体中抽样的过程。

3.2.2 样本

在无法获得总体的情况下,从总体中抽取出来的子集称为样本(sample)。样本包含的个体数量一般称为样本容量。

既然获得的数据只是抽样而不是全体,我们就一定要保持警惕,提醒自己回答这个问题:"样本的特点确实能真实反映总体的特点吗?"

这个问题要回答"是",至少要满足两个条件:

(1)样本容量不能过小,传统统计学认为小于 30 的样本容量不具备统计学意义,也就不能有效反映总体特点,大数据时代这个条件容易满足;

(2)抽样时不能有预设偏见,也就是必须无偏抽样。

3.2.3 无偏抽样

无偏抽样(an unbiased (representative) sample),又称为代表性抽样,是指抽样的过程不受个体性质的影响。

怎么理解"抽样过程不受个体性质的影响"?我们依然以例 3-1-1 的战斗机案例为例。其实,这是发生在"二战"中的一个真实事件。当时的军方短期内获得的数据有限,只对返航飞机的弹孔密度进行了搜集,得到了如表 3-2-1 所示的统计表格。

表 3-2-1 例 3-1-1 中军方获得的数据

飞机部位	弹孔数/平方英尺
引擎	1.11
机身	1.73
油料系统	1.55
其他	1.80

请读者们想一想：表中的弹孔密度能真实反映总体，也就是所有参战飞机的中弹情况吗？

并不能！因为表中的数据仅仅是从返航飞机获得的，而对于损坏严重而未能返航的飞机则完全没有考虑。或者说，抽样过程本身受到飞机残损程度的影响，不符合无偏抽样的原则，因此，这里获得的数据并不是总体的真实反映，而是存在抽样偏差。

3.2.4 抽样偏差

抽样偏差(sampling bias)是指从总体中非随机性抽样带来的系统性错误。抽样偏差使得个体被抽样的概率不一样，有些个体可能根本没有被抽样的机会。

上述例子中，只对幸存下来成功返航的飞机进行抽样，这种抽样偏差有一个被广泛接受的名称——幸存者偏差。事实上，幸存者偏差是一种常见的抽样偏差，我们或多或少都遇到过。例如，调查成功人士的品质或成功公司的特点，归纳总结为成功的要素；采访百岁老人，将他们的生活习惯总结下来作为长寿秘诀；询问得某种疾病之后又康复的人，认为他们吃的药品或食物对该疾病有疗效，等等。

从上述这几个例子中，读者们能看出来抽样偏差吗？抽样过程中它们分别漏掉了哪些群体呢？

例 3-2-1 找出下述抽样过程中的抽样偏差。

1. 调查成功人士的品质或成功公司的特点，归纳总结为成功的要素，其中漏掉了（　　）。

2. 采访百岁老人，将他们的生活习惯总结下来作为长寿秘诀，其中漏掉了（　　）。

3. 询问得某种疾病之后又康复的人，认为他们吃的药品或食物对该疾病有疗效，其中漏掉了（　　）。

该如何避免抽样偏差呢？要避免抽样偏差，通常的做法是随机抽样。

随机抽样是指总体中的个体是否被抽样并非确定的，即不因为个体的某个或某些性质一定被抽中或一定不被抽中，而是每个个体都以一定的概率被抽样。更一般地，当这个概率不受个体本身性质的影响而在所有个体上均匀分布时，即为简单随机抽样。

在前述例子中，所有参加实战的飞机（返航的和未返航的）应当有同等的被抽样机会；所有有待证明品质的人或公司（成功的和非成功的）要有同等的被调查机会；所有有待证明生活习惯的人（长寿者和非长寿者）应有同等的被采访机会；所有患某种疾病后吃某食品或药品的人（康复的和未康复的）要有同等的发声机会。这样获得的数据，才能真正体现总体、代表总体。

再来看一个例子：

在我国，地震是一种非规律性发生的自然灾害，各种大大小小的地震在各地偶见报道。而每每地震发生后，民间都会有一些传言，谈论地震发生之前自然界的各种异象，认为其可以用来预测地震，近年来比较有代表性的是"地震云"（见图 3-2-1）。而科学界和权威机构则反复强调"目前没有有效证据表明云可以用于预测地震"。我们要如何理解这个说法呢？或者说,我们要证明某种特定形状的"地震云"能预测地震,需要提供怎样的"有效"或科学证据？根据前面的介绍,我们相当于提出了一个前提假设:"地震云"能预测地震,或更明确地,"地震云"出现后 X 天之内会发生地震。对应于该假设,我们应搜集所有出现该形状"地震云"后 X 天内是否发生地震的数据。只有当出现"地震云"时发生地震的条件概率显著大于同区域发生地震的先验概率时,才能下结论说"地震云"可预测地震。然而,很可惜,气象和地质等专业机构迄今没有获得这样的科学证据。

图 3-2-1 传闻中的"地震云"(图片来源:百度百科)

从抽样的角度来看这个问题,发生地震后去找地震前的自然界异象,属于回溯性研究,很有可能引入幸存者偏差,因为我们只关注了那些同时有地震、有异象的情况,而那些异象后并无地震的情况都被忽略了。有趣的是,作为智人,归因分析是我们区别于绝大多数物种的特点和优势,但归因过程中的回溯性研究却又很可能把我们带入认知的误区甚至陷阱。请仔细想想,你在生活中有没有遇到过这一类的问题呢？

总结一下,我们搜集数据前,必须明确研究的总体,无法获得总体时,抽样不能有抽样偏差,这样得到的数据才能作为总体的可靠代表。

本节的最后,让我们讲完战斗机的故事。

"二战"中,同盟国采用的前提假设是"弹孔密度越高,给飞机带来的危险越大,越需要被保护",所以,基于对返航飞机弹孔密度的数据,军方做出了对机身进行保护的决策。当时,美国哥伦比亚大学有一个统计研究小组,他们秘密地为同盟国服务。小组中有一位从德国逃到美国的统计学家亚伯拉罕·瓦尔德(见图 3-2-2)敏锐地觉察出了其中的问题,他提出:不应该给弹孔密度高的部位加装装甲,恰恰相反,应该给弹孔密度最低的部位,也就是引擎加装装甲。他的前提假设是,在远距离交战场合,飞机各部位中弹的概率应该是一样的。他认为,军方对返航飞机调查的数据显示出引擎弹孔密度低,恰恰是因为引擎中弹是致命的,引擎中弹的飞机很多根本都无法返航,那些消失的弹孔就在未能成功返航的飞机上。军方仔细评估了自己的假设和瓦尔德的假设,最终认为瓦尔德的假设更合理,并迅速将瓦尔德的建议付诸实施。而瓦尔德也正是基于这个案例首次提出了"幸存者偏差"。

图 3-2-2　亚伯拉罕·瓦尔德

(图片来源：维基百科 https://en.wikipedia.org/wiki/File:Abraham_Wald.jpg)

3.3　混杂因素和 A/B Testing

3.3.1　混杂因素和辛普森悖论

要依赖数据获得可靠结果，除了要做到无偏抽样，还要特别注意混杂因素的影响。先看一个例子。

为了比较两个网站的吸引力或受欢迎程度，我们构造了一个"回头率"参数，即一天之内，至少两次访问该网址的人数与至少一次访问该网址的人数之比，即

$$回头率 = \frac{一天之内至少两次访问该网址的人数}{一天之内至少一次访问该网址的人数} \qquad (3\text{-}3\text{-}1)$$

我们对两个网址(某明星微博和我们的课程网址)某一天的访问"回头率"进行了统计和对比，得到这样一个表格(见表 3-3-1)。

表 3-3-1　两个网址的回头率参数统计

某明星微博回头率	我们的课程网址回头率
77%	83%

看起来很不错哦！我们的课程比明星微博更具有吸引力了呢！

真的吗？稍等。如果我们再仔细一点，先把数据分组再来看呢？根据用户登记的学历信息，我们把所有人分成了两组：大学及以上学历组，中学及以下学历组(见表 3-3-2)。

表 3-3-2　分组后两个网址的回头率参数统计

学 历 信 息	某明星微博回头率	我们的课程网址回头率
大学及以上学历	95%	92%
中学及以下学历	71%	34%
全部	77%	83%

　　这时,奇怪的事情发生了——在每一组里,我们的课程都不如明星微博受欢迎。对数据分组或不分组,得到的结论居然是相反的。这究竟是怎么回事呢?存在计算错误吗?我们仔细检查一下吧。

　　接着,我们把各组的样本容量都列了出来(见表 3-3-3),仔细验算,并没有计算错误。不过,读者们看出什么别的问题了吗?

表 3-3-3　列出了访问人数的分组回头率统计

学 历 信 息	某明星微博回头率	我们的课程网址回头率
大学及以上学历	95%(76/80)	92%(231/250)
中学及以下学历	71%(193/270)	34%(17/50)
全部	77%(269/350)	83%(248/300)

　　原来,在访问某明星微博的 350 个用户中,主体是中学及以下学历的,很可能是中小学生。而访问我们课程的 300 个用户中,主体是大学及以上学历的,都是成年人。中小学生每天上网的时间可能受到父母、学校的严格控制,无论对哪种网站,每天的二次访问率都要远远低于成年人。所以,当我们不分组时,作为某明星微博主体用户的中小学生被拉去和作为我们课程网站主体用户的成年人进行比较,根本就不是一种对等的比较,所以导致了结论的反转。这个现象其实还有一个专门的名称,叫作"辛普森悖论"。

　　在这个案例中,当我们用"回头率"参数作为依据比较两个网站的吸引力时,要考虑到,除了网站本身的吸引力之外,用户的年龄、上网的便利程度都会对我们的"回头率"参数造成影响。这些因素不是我们的考察对象,但却可能对结果造成影响,即我们通常所说的"混杂因素"。要排除混杂因素的影响,常见的做法就是对两相比较的样本集,做好潜在混杂因素,甚至所有非考察因素的匹配。表 3-3-3 中分组的做法就是一种匹配方式,即高学历和高学历比,低学历和低学历比,其结果就是学历(其潜在是年龄和上网便利程度)差别带来的影响(即混杂因素)被排除了。

　　其实在科学实验中,排除混杂因素是一个最基本的实验设置。举一个中学物理的例子,我们现在都知道导体电阻与导体的材料(电阻率 ρ)、导体长度 L 和横截面积 S 三个因素有关,那么,当初电阻公式

$$R = \frac{\rho L}{S} \tag{3-3-2}$$

是如何确定的呢?简单来说,就是匹配混杂因素后,只观测考察因素的影响。例如,如果要确定电阻 R 与导体长度 L 的关系,则必须先匹配导体的材料与横截面积,即固定导体的材料和横截面积,只考察不同长度对于电阻的影响(见表 3-3-4);如果要确定另外两个

因素的影响,做法也是类似的。同样的原则也适用于现实中非实验室条件下的数据,只不过现实数据往往来自于比实验室复杂得多的环境,更难以控制,混杂因素更难以鉴别或剥离。

表　3-3-4

固定材料和粗细		固定粗细和长度		固定材料和长度	
长度	电阻	电阻率	电阻	横截面积	电阻
L_1		材料 1		S_1	
L_2		材料 2		S_2	
L_3		材料 3		S_3	

我们再看看第 2 章中汽车销售的案例。

某个汽车销售门店对他们过去三个月的销售业绩不满意,想要找到原因并做出改善。

前面的课程已经明确,这是一个关联任务。对于关联任务,混杂因素的排除是非常关键的。通常的做法绝对不是把所有的数据混在一起下一个笼统的结论,而是提出假设确定好待考察因素之后,把所有假设以外的可能混杂因素找出来并分组,再对比假设(待考察)因素的影响。例如,如果怀疑是促销方案改变带来了业绩下滑,那么,为排除其他混杂因素,如主推的汽车品牌、型号等的影响,应该按汽车品牌、车型等进行分组,分组后再对比促销方案改变前与改变后的销售业绩(见表 3-3-5),这样得到的结论才是可靠的。

表 3-3-5　汽车销售例子中的分组统计

汽车品牌、车型	以前促销方案下的销售业绩	现行促销方案下的销售业绩
品牌 A 型号 I		
品牌 A 型号 II		
品牌 B 型号 X		
品牌 B 型号 XX		

总结一下,混杂因素是那些不在考察范围内,但却有可能对结果造成影响的因素。辛普森悖论通常都是由于没有充分排除混杂因素影响所引起的。当我们提出了假设,即怀疑某因素对结果有影响时,必须严格审查其他可能对结果造成影响的混杂因素,并匹配这些混杂因素,也就是依据混杂因素进行分组,分组以后再考察我们的假设。

3.3.2　双盲实验和 A/B Testing

之前我们主要针对已经实际获得的数据,介绍了对数据分组以排除混杂因素影响,避免诸如辛普森悖论的现象。除此之外,在一些可控的实验中,还可以采取 A/B Testing,在数据搜集阶段就排除掉混杂因素的影响。

所谓 A/B Testing,是指专门设计一些对比实验,在其他所有特征都匹配(或一致)的情况下,只观察一个变量(通常只有两个选项)的不同取值对于结果的影响。科学研究中,在实验室的可控环境下,A/B Testing 是一种非常常见的实验手段,例如临床医学研究中,为检验某种新药物或新技术是否真的有效而采取的"双盲实验"。实验中,病患(俗称被试)被随机分为年龄、性别、病史等都匹配的两组,一组被给予待检验的药物或技术治疗,对另一组(对照组)则不加干预。或者,为了排除心理因素的影响,对照组被给予假称有疗效的安慰剂。实验中,为尽可能消除潜在的混杂因素(医生态度、病患心理等)影响,病患和医生都不知道实际分组情况,这就是"双盲"的意思。严格来说,一种新药或新治疗技术在被承认有效前,都必须经过双盲实验,只有实验组和对照组有显著差别时,药品或技术才会被官方承认是有效的。而我们在保健品促销广告中常见的"张大妈用我们的药治好了多年的老寒腿"这类说法,只是一种营销宣传,不能作为药品有效的科学证据。现在,你能够理解为什么市面上各种号称有这样那样疗效的保健品只是"食品",而不是"药品"了吧。

除了科学、医学领域外,近年来互联网行业凭借其数据搜集优势,也开始广泛使用 A/B Testing。例如,某电子商务网站将其所有注册会员随机地分成两组,给两组发送的促销广告基本相同,只有一项差别:一组发送"本促销将于本周六截止",另一组发送"本促销将于不久后截止",然后追踪两组会员在这次促销活动中的购买情况,作为今后选择上述两种中哪一种策略的依据。有报道显示,谷歌公司在 2011 年一年内就进行了超过 7000 次 A/B Testing 来帮助其制定各种决策。主动搜集数据时,A/B Testing 确实是一种可靠且有效的方式。

本章中,我们主要针对数据获取,从提出前提假设、设计数据方案开始,接着介绍了数据搜集或实验中的基本科学原则和常用方法。事实上,数据的获取是非常关键的一步,本章介绍的基本流程和原则能帮助我们在实际应用中有效避免常见错误或徒劳无功。

至此,我们即将从现实世界转入计算机世界,了解数据在计算机中的表示与表达。

思考题

3-1 你认为网购衣服由于不能试穿很不靠谱。可是你某位衣品高的朋友号称她的衣服都是网购而来的。你觉得难以置信,而她确实没有说谎。你能解释这是为什么吗?

3-2 请根据本章的内容判断一下"张大妈服用我们的产品治好了多年的老寒腿",为什么不能作为产品有效的科学依据?

3-3 总结长寿老人的生活习惯作为长寿的秘诀既然不可靠,那么请你设计一种获得可靠长寿秘诀的数据搜集方案。

3-4 张三认为未婚人士不如已婚人士有责任感,因此他假设未婚人士贷款后违约的风险更高。他手上有一批银行以往客户的贷款数据,其中包括客户的性别、年龄、婚姻状况、贷款原因、贷款金额、月收入与月还款比及当次是否违约的信息。请问,要验证他的假设,他需要如何设计统计表格?

第

4

章

Python基础

工欲善其事，必先利其器。所谓器，就是工具。本章将介绍我们进行数据分析的工具—— Python。已经熟悉 Python 使用的读者可以直接跳过本章。

本书为什么选择 Python 呢？主要是基于以下几个原因：

（1）Python 可方便地集成不同的工具，能够很好地与其他语言（如 C、Java 等）融合，因此易于结合形成功能强大的解决方案。

（2）Python 为数据分析和机器学习提供了成熟的软件系统和丰富的工具包资源。

（3）Python 具备优秀的内存管理能力，适于处理大数据。

（4）Python 完美兼容 Windows、Linux 和 Mac OS 操作系统，开发的应用不用担心可移植性。

（5）最后，但其实也是很重要的，Python 是免费的。

如果你的计算机还没有安装过 Python，就跟随教程来下载并安装吧。

4.1 Python 的下载与安装

Python 官网 https://www.python.org/downloads 提供了 Python 的各种安装包下载。访问时，官网会自动检测我们的本机操作系统，并主动推荐适用于本机系统的最新版安装包（见图 4-1-1）。单击页面上的下载按钮，根据弹出的对话框选择存盘路径，就可以把推荐的安装包文件保存到本机了。

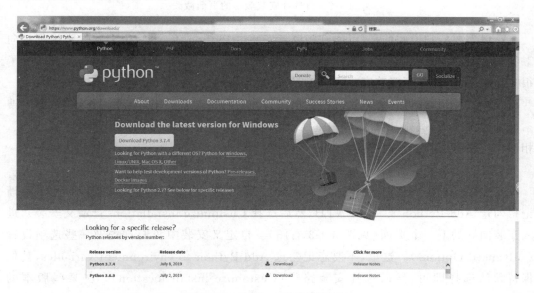

图 4-1-1　Python 官网访问截图

如果不接受官网的自动推荐，我们还可以选择针对不同操作系统，或者不同版本的安装包。例如，单击图 4-1-1 中 Windows 链接，就会进入专门的 Windows 适用版本页面（见图 4-1-2），页面的最上端是 Python 2 和 Python 3 的最新版，往下则是更早期的版本，其中左边一列是稳定版，右边一列是测试版。作者倾向于使用稳定版。本书使用 Python 3.7.0 版本，向下滚动页面，在稳定版的一列（也就是左边一列）找到 3.7.0 版本号，选择这个可执行的安装文件并单击，选择存盘路径，就可以下载并保存到本机指定目录下了。

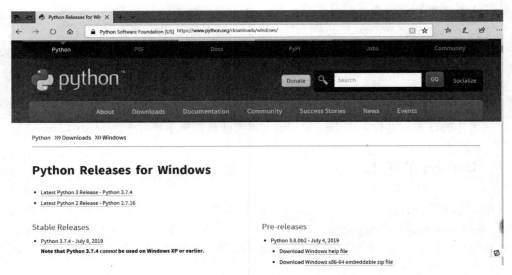

图 4-1-2 自选择安装版本的页面截图

这里需要特别说明的是，可能有些读者安装过 Python 2。尽管很多软件常规都是向下（向后）兼容的，Python 2 和 Python 3 却并非如此。由于 Python 3 较 Python 2 改变了很多，导致两种版本不能兼容。所以，如果读者安装的是 Python 2，可能本书中涉及的一些命令无法使用，或者一些语法规则会报错。当这种情况发生时，推荐用谷歌、百度等搜索引擎搜索一下，例如"Python 3 中的某函数在 Python 2 中是什么或有什么语法区别"，相信你很快就会找到解决方案的。

安装包下载完成后，就可以开始安装了。安装过程中最好保持网络在线。

安装程序提供安装向导，跟着安装向导，首先会看到如图 4-1-3 左图所示的页面，请记得勾选 Add Python 3.7 to PATH，然后选择 Customize installation（自定义安装），进入安装向导的下一个页面（见图 4-1-3 右图）。自定义安装中我们首先做一些选项设置（Advanced Options）。这里，不要忘记勾选 Add Python to environment variables，其他保持默认选择即可，然后选择安装路径（Customize install location）。在某些版本的 Windows 系统中，系统目录的访问需要权限，应用程序去访问这些目录时通常会被禁止，所以，为避免麻烦，最好不要安装到默认的系统目录，而是自定义一个安装目录，例如，图 4-1-3 中在 C 盘自定义了一个 Python 目录。设置好目录后，单击 Install（安装）按钮，等待向导安装完毕即可。

安装好后，检查 Windows 开始菜单中的"所有应用程序"，我们会看到多了一个

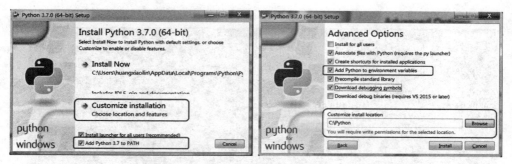

图 4-1-3　安装向导中的设置

"Python 3.7"的程序组（见图 4-1-4 上），单击"Python 3.7（64-bit）"程序，就会打开其对应的命令提示符窗口（见图 4-1-4 下）。从窗口显示可以看到当前的版本号等信息。

图 4-1-4　安装后的程序组和 Python 界面

　　我们还可以通过 Windows 系统自带的"命令提示符"程序运行 Python。在 Windows 开始菜单下"所有应用程序"中找到"Windows 系统"程序组，找到并单击其下的"命令提示符"程序，会打开命令窗口。在命令行输入"cd c:\Python"改变工作目录到我们的安装目录下，输入"python"命令，同样可以进入 Python 3.7 的应用程序（见图 4-1-5）。

　　要退出 Python，可以按 Ctrl＋Z 快捷键或者在命令行输入"exit（）"命令，按回车键后就退出并关闭窗口了。

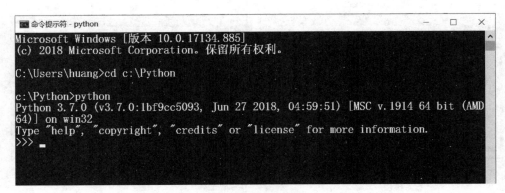

图 4-1-5　通过"命令提示符"进入 Python

4.2　常用工具包的下载与安装

Python 有一些软件包具有强大的数据分析能力,但这些软件包并未绑定在我们安装的基本 Python 环境中,需要自行安装。因此,接下来,我们将安装一些本书会用到的工具包,包括 NumPy、SciPy、Pandas、Scikit-learn、Matplotlib、Seaborn 和 Jupter Notebook。

大多数 Python 软件包都可以在 Python Package Index(PYPI)这个包索引网站(http://pypi.python.org/pypi)中找到,网站首页见图 4-2-1。网站提供常用包搜索,例如,我们搜索"NumPy"关键字,就能搜到网站上所有含有该字符串的包(见图 4-2-2)。

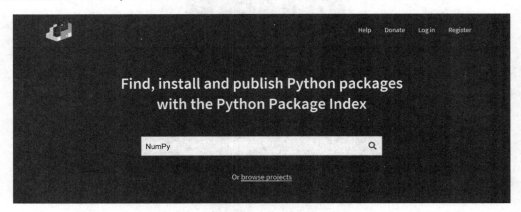

图 4-2-1　PYPI 网站首页截图

图 4-2-2 中 numpy 1.16.4 就是我们需要的包(说明:"numpy"是包的名字,"1.16.4"代表版本号),单击,就进入 NumPy 的专属页面(见图 4-2-3),页面上提供了包的简短说明(Project description)以及下载入口(Download files)。

PYPI 对常用库的安装提供离线、在线两种方式。

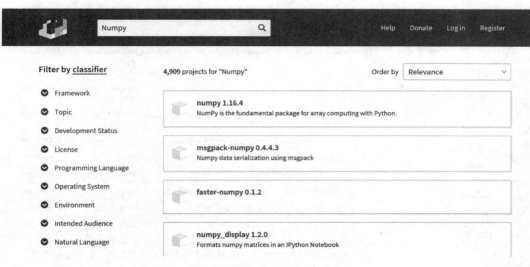

图 4-2-2　PYPI 网站搜索示意

1. 工具包的离线安装

离线安装时，需要先将安装文件下载到本机。例如，在图 4-2-3 的页面上单击 Download files 链接，进入文件列表（见图 4-2-4），可以看到，包文件的后缀名是 whl，俗称轮子文件。列表中包含了各种版本、适用于不同操作系统的包文件，选择需要的版本下载存盘。安装时，在"命令提示符"程序中，切换工作目录到 Python 安装目录下的 Scripts 目录，然后在命令行输入"pip install"及完整的工具包安装文件名，按回车键，即可进行安装。

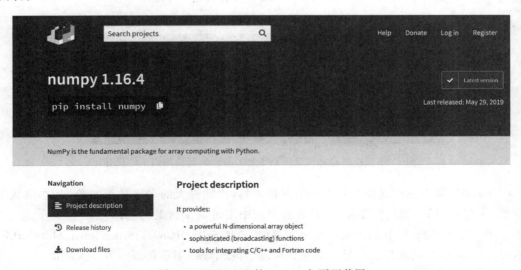

图 4-2-3　PYPI 上的 numpy 包页面截图

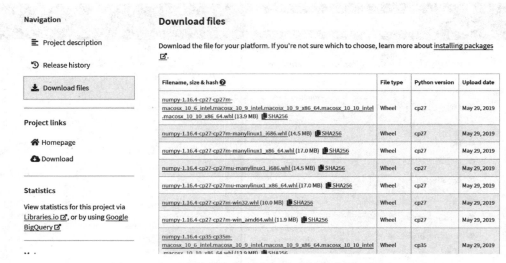

图 4-2-4　PYPI 上的 numpy 包下载文件列表页面截图

2．工具包的在线安装

如果不知道如何选择版本，还可以采取一种更便捷的在线安装方式。请注意在如图 4-2-3 所示页面的最上方，工具包的名字之下，有一行代码 pip install numpy，这其实就是在线自动安装工具包的命令。我们在"命令提示符"程序中，先切换工作目录到 Python 安装目录下的 Scripts 目录，输入该命令 pip install numpy（见图 4-2-5），按回车键，就可以自动安装适合本机的最新版本 NumPy 工具包了。安装成功后，屏幕会提示成功安装及版本号信息。当然，由于是在线安装，计算机要保持联网状态。

图 4-2-5　在线自动安装 PYPI 上工具包最新恰当版本的操作

NumPy 包为我们提供了基本数值分析工具，比如强大的多维数组对象、基本的数学函数、矢量化运算、傅里叶变换等，是数据分析中不可缺少的工具包。

类似于上述操作，我们再安装几个工具包，包括 SciPy、Pandas、Scikit-learn、Matplotlib、Seaborn 等，这些包能提供信号或数据预处理、建模、最终图形化展示等强大功能。

至此，我们需要的各种资源已基本齐备，最后就剩下一个编辑工具了。我们当然可以直接在 Python 3 自带的 shell 中写代码，但本书采用的是 Jupyter Notebook，主要是因为 Jupyter Notebook 的模块化编辑和交互方式使得我们可以很方便地查看中间结果,并即时展示,拥有非常好的交互性。Jupter Notebook 的前身是 IPython Notebook,所以,可以通过安装 IPython 的方式来安装,也可以直接用 pip install jupyter 命令来安装。

安装完成以后,在 Python 安装路径的 Scripts 目录下输入"jupyter notebook",就可以打开编辑器了。

4.3 Jupyter Notebook

Jupyter Notebook 其实是一个网页形式的编辑器(见图 4-3-1),选择好路径后,单击New 按钮,选择 Python 3 文件类型,就进入可编辑界面了(见图 4-3-2)。

图 4-3-1 Jupyter Notebook 的目录界面

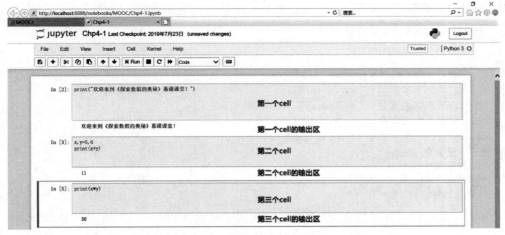

图 4-3-2 Jupyter Notebook 的编辑界面

Jupyter Notebook 编辑器中的代码模块以 cell 形式来组织(见图 4-3-2),每个 cell 中的代码都可以单独运行,并在其下紧邻的输出区显示或打印结果,这也就是 Jupyter Notebook 交互性的一个重要体现。同时,不同 cell 之间又可以共用内存变量,在第二个 cell 中我们对 x 和 y 进行了赋值,运行后,在第三个 cell 中可以直接对这两个变量进行访问。因此 cell 之间可分可合,代码调试及复用非常方便。

页面最上端有菜单和常用的工具按钮,可支持复制、剪切、粘贴等一系列的编辑操作,还可以运行、中止或重启 cell 中代码的执行。

最后,如果要退出 Jupyter Notebook 编辑器,除了关掉 Web 编辑器之外,我们还需在"命令提示符"窗口用 Ctrl+C 命令停止并关闭核。

从现在开始,本书中的所有示例代码都在 Jupyter Notebook 中编辑和执行,并且为方便对照,本书会以代码体表示程序代码,并紧跟着例程代码,将输出区的结果截图贴出。

4.4　Python 常用数据结构

如果说算法是程序的灵魂,数据结构则是灵魂赖以依附和展现的平台。所以,我们首先了解一下 Python 中的常用数据结构。

Python 内置的基本数据结构有 4 种:列表(list)、元组(tuple)、字典(dict)和集合(set)。

4.4.1　列表

列表是一个有序的元素序列,类似其他语言中的数组,其元素可以是 Python 支持的任何数据类型,比如字符(串)、逻辑型、整数、浮点数等。与常规数组所不同的是,在 Python 中,即使是同一个列表中,其元素也可以是不同数据类型。

例 4-4-1　列表的创建和访问。

```
import math
my_list1 = ['haha',True, math.pi,56,7,8]
print('第一个元素是: ',my_list1[0])
print('第二个元素是: ',my_list1[1])
print('第三个元素是: ',my_list1[2])
print('最后一个元素是: ',my_list1[-1])
第一个元素是:　haha
第二个元素是:　True
第三个元素是:　3.141592653589793
最后一个元素是:　8
```

list 可以直接用方括号定义、等号赋值的同时来创建,不同元素间用逗号来分隔。如例 4-4-1 所演示的,我们定义了一个包含 6 个元素的列表,名字叫 my_list1。其中的 6 个元素,其存储类型既有数,又有字符串和逻辑值。

对于定义好的 list，可以采用"列表名[元素序号]"的方式对其中的指定元素进行访问。Python 中列表等支持序列的数据结构，元素序号都从 0 开始，如例 4-4-1 中，my_list1[0]是对列表 my_list1 中的第一个元素进行访问。有趣的是，Python 还支持负数序号。当采用负数序号时，意思是倒数第几个元素，例如：

```
my_list1[-1]
```

是访问 my_list1 的倒数第一个元素。

除了可以访问单个列表元素，Python 还允许我们对列表进行切取，即一次获取其中的多个元素，如例 4-4-2 所示。

例 4-4-2 列表的切取访问。

```
import math
my_list1 = ['haha',True, math.pi,56,7,8]
first_three = my_list1[:3]
print('头三个元素是: ',first_three)
last_three = my_list1[-3:]
print('末尾三个元素是: ',last_three)
without_first_last = my_list1[1:-1]
print('掐头去尾后剩下的元素是: ',without_first_last)
y = my_list1[1:3]
print('第二、第三个元素是: ',y)
头三个元素是:  ['haha', True, 3.141592653589793]
末尾三个元素是:  [56, 7, 8]
掐头去尾后剩下的元素是:  [True, 3.141592653589793, 56, 7]
第二、第三个元素是:  [True, 3.141592653589793]
```

切取访问的常用格式包括：

"列表名[:n]"，表示切取列表的前 n 个元素；

"列表名[-n:]"，表示切取列表最后 n 个元素；

"列表名[1:-1]"，表示切取除了第一个和最后一个以外的所有元素；

"列表名[n:m]"，表示切取列表中从第 n+1 个元素一直到第 m 个元素。

列表元素是允许被修改的，可以通过等号给指定的元素赋值来直接覆盖原先的值。列表还支持很多的方法，例如追加元素的 list.append()方法、指定位置插入元素的 list.insert()方法，等等。

例 4-4-3 列表的修改、追加、插入。

```
my_list1 = ['haha',True, math.pi,56,7,8]
print('初始列表是: ',my_list1)
my_list1[0] = 0
print('修改第一个元素以后,列表成为: ',my_list1)
my_list1.append('hehe')
print('追加一个元素后,列表成为: ',my_list1)
my_list1.insert(3,'你好!')
print('在第四个元素位置插入后,列表成为: ',my_list1)
```

初始列表是：　['haha', True, 3.141592653589793, 56, 7, 8]
修改第一个元素以后，列表成为：　[0, True, 3.141592653589793, 56, 7, 8]
追加一个元素后，列表成为：　[0, True, 3.141592653589793, 56, 7, 8, 'hehe']
在第四个元素位置插入后，列表成为：　[0, True, 3.141592653589793, '你好！', 56, 7, 8, 'hehe']

4.4.2　元组

元组与列表类似，区别在于元组不允许被修改，只能被查询。元组通过圆括号或无括号来界定，元素间依然用逗号分隔。元组的访问格式与列表类似，也是"元组名［元素序号］"的格式。由于元组不能被修改，常常用来作为函数的多重返回值。

例 4-4-4　元组的定义和禁止修改。

```
my_tuple_x = (1,2,3)
my_tuple_y = 4,5
print('元组 x 是：',my_tuple_x)
print('元组 y 是：',my_tuple_y)
try:
    my_tuple_x[1] = 'haha'
except TypeError:
    print('不允许修改元组！')
print('尝试对第二个元素修改后,元组 x 是：',my_tuple_x)
元组x是：　(1, 2, 3)
元组y是：　(4, 5)
不允许修改元组！
尝试对第二个元素修改后，元组x是：　(1, 2, 3)
```

例 4-4-4 中的 try/ except 是 Python 中常用的异常处理语句，一般在担心语句出错，但又不希望错误引发终止程序执行时使用。其工作流程是当 try：下的缩进语句块出现异常时，会执行 except：下的缩进语句块，完成后继续执行 try/except 结构后的语句。

4.4.3　字典

字典结构由{key1：value1，key2：value2，…}的形式来定义。字典的不同元素间依然用逗号分隔，但是每个元素包含两部分，即 key(键)和 value(值)。为什么是这样一种结构呢？原来，字典的作用就如同它的名字所提示的，其中的键可看成一种索引，通常是可读的、易理解的，或代表固定本质的；而值可理解为索引具体指向的内容，可能是可读性不是那么好的，或取值允许修改调整的。字典结构让我们可以通过对键的访问，快速得到其对应的值。

例 4-4-5　字典的定义和应用。

```
dict_score = {'good':90,'soso':70,'bad':50}
my_score = dict_score['good']
print('我的成绩是：',my_score)
his_score = dict_score['soso']
```

```
print('他的成绩是: ',his_score)
```
我的成绩是: 90
他的成绩是: 70

如例 4-4-5 中,我们不清楚好成绩、坏成绩和一般成绩具体多少分,我们只记得等级 (好、一般、差),则可以通过对等级(key)的访问,来获得具体的成绩数值(value)。如代码中所示,访问字典的格式为"字典名[键]"。既然字典中通过键来访问了,就不难理解,字典中的元素不必要也确实没有顺序的定义。

字典中的键是不重复的,也不允许修改,所以凡是可能被修改的对象,如列表、字典、集合都不能作为键,而确定的字符或数、元组则可以作为键。字典中的值则并不要求是不可重复的,所以两个不同的键有可能对应同样的值;同时,值也允许被修改。我们还可以为已有字典追加新的键与值。

例 4-4-6 字典的修改。

```
dict_score = {'good':90,'soso':70,'bad':50}
print('初始的成绩字典为: ',dict_score)
dict_score['good'] = 80
dict_score['excellent'] = 90
print('修改后的成绩字典为: ',dict_score)
print(dict_score.keys())
print(dict_score.values())
print(dict_score.items())
```
初始的成绩字典为: {'good': 90, 'soso': 70, 'bad': 50}
修改后的成绩字典为: {'good': 80, 'soso': 70, 'bad': 50, 'excellent': 90, 'fail': 50}
dict_keys(['good', 'soso', 'bad', 'excellent', 'fail'])
dict_values([80, 70, 50, 90, 50])
dict_items([('good', 80), ('soso', 70), ('bad', 50), ('excellent', 90), ('fail', 50)])

例 4-4-6 中,我们修改了键 good 对应的值,并追加了新的键 excellent 和 fail 及其对应值。我们还可以只访问键或只访问值,具体方法是调用字典结构中的 keys()方法或 values()方法。

4.4.4 集合

集合中存放不重复的元素,且其中没有顺序的定义。集合也是用大括号界定的,但其中由逗号分隔的各个元素是单个的、不可变的数据,所以与字典相比较,集合相当于只有键,没有值。集合数据结构主要支持数学上的集合操作。

例 4-4-7 集合的定义和修改。

```
my_set = {'123','456',89,True}
print('我们定义的集合是: ',my_set)
x = [5]
try:
    my_set.add(x)
except TypeError:
```

```
        print('集合元素不能是可修改的!')
my_set.add(5)
my_set.remove('456')
print('修改后的集合是: ',my_set)
我们定义的集合是:  {'456', 89, True, '123'}
集合元素不能是可修改的!
修改后的集合是:  {True, 5, 89, '123'}
```

例 4-4-7 中,我们尝试对集合增加列表,结果失败了,增加数值 5 却成功了。这是因为列表是可修改的,集合中的元素只能是不可修改的。集合中的元素没有顺序定义,也就不能通过序号的方式访问,要追加或删除其中元素时,需调用集合结构中的 add()函数或 remove()函数,并在函数中直接指明元素的内容本身(而非序号)。

除了 Python 内置的四种基本数据结构外,我们还会经常用到两种工具包定义的特色数据结构——NumPy 包中的多维数组 ndarray 和 Pandas 包中的数据框 DataFrame。

4.4.5 numpy.ndarray

numpy.ndarray 结构通常用来存储数据类型一致的元素。我们可以用 NumPy 中的 array 方法将 Python 中的列表转换成 numpy.ndarray 对象,如例 4-4-8。

例 4-4-8 numpy.ndarray 举例。

```
import numpy as np

x = [1,2,3,4,5,6]
print('x 的数据结构是: ',type(x))
print('列表的 + 操作是列表的连接,如 x + x 结果为: ',x + x)

my_ndarray1 = np.array(x)
print('my_ndarray1 的数据结构是: ',type(my_ndarray1))

my_ndarray2 = np.array([0,1,0,1,0,1])
my_sum = my_ndarray1 + my_ndarray2
print('ndarray 的 + 操作是对应元素相加,如 ndarray1 + ndarray2 结果为: ',my_sum)

a = my_sum.reshape((2,3))
print('1 * 6 的向量重塑为 2 * 3 矩阵,结果为: ')
print(a)
print('其中第 1 行第 3 列的元素为: ',a[0,2])
x的数据结构是: <class 'list'>
列表的+操作是列表的连接,如x+x结果为: [1, 2, 3, 4, 5, 6, 1, 2, 3, 4, 5, 6]
my_ndarray1的数据结构是: <class 'numpy.ndarray'>
ndarray的+操作是对应元素相加,如ndarray1+ndarray2结果为: [1 3 3 5 5 7]
1*6的向量重塑为2*3矩阵,结果为:
[[1 3 3]
 [5 5 7]]
其中第1行第3列的元素为:  3
```

numpy. ndarray 的内存方式优于列表,并支持向量运算。如例 4-4-8 中所示,我们如果想让两个数组对应元素相加,不需要写循环代码,而是直接用"＋"操作符连接两个维数匹配的 ndarray 对象,即代码中的 my_ndarray1 和 my_ndarray2,就能实现对应元素相加了。

ndarray 内嵌了很多对多维数组(矩阵)操作的方法,使用方便,例如 reshape 方法可以重塑数组的维度,例 4-4-8 中就用 ndarray 中的 reshape 方法将原来的 1 行 6 列的一维数组重塑成了 2 行 3 列的二维数组(矩阵)。

对 ndarray 中的元素进行访问时用"数组名[元素序号]"的格式,多维则注明各维度上的序号,不同维度之间用逗号分隔即可。注意 ndarray 的序号也是从 0 开始的,所以例 4-4-8 程序中的 a[0,2]是访问数组 a 中处于第 1 行、第 3 列的元素。

总的来说,NumPy 的 ndarry 作为专门的多维数组,使用方便,还是 SciPy 和 Scikit-learn 包依赖的重要数据结构。但是需要注意,ndarray 一旦初始化,数组的大小也就固定了。同时,ndarray 通常适用于类型一致的数据。所以,当我们面临的是类型复杂多样的数据文件时,ndarray 就显得不够用了。一个不错的选择是 Pandas 的 DataFrame,又称数据框结构。

4.4.6 Pandas. DataFrame

Pandas 包中的 DataFrame 不要求元素的数据类型一致,而且完全可以等同于一个包含行索引和列标题的二维表格。

例 4-4-9(a) Pandas. DataFrame 的创建举例。

```
import pandas as pd
import numpy as np
my_dataframe = pd.DataFrame(np.random.randn(4,5),
                            index = ['a','b','c','d'],
                            columns = ['A','B','C','D','E'])

my_dataframe
```

	A	B	C	D	E
a	1.385596	-0.646824	-0.247810	2.318796	-0.211721
b	0.452257	0.671649	0.615052	0.240041	0.470151
c	0.341342	1.604788	-0.885914	-0.796825	-0.619792
d	1.800393	1.076134	1.029607	-0.047988	2.193134

例 4-4-9(a)中,我们用 Pandas 的 DataFrame 命令创建了一个名为 my_dataframe 的数据框结构,内容是一个 4 行 5 列的表格,其行索引由参数 index 指定,是小写字母 a~d,其列标题则由参数 columns 指定,是大写字母 A~E,表格中 4 行 5 列的数据则用随机数来填充。

例 4-4-9(b) Pandas. DataFrame 访问举例。

```
my_dataframe[['B','C']] ＃指定列访问 1,返回有列标题,返回值仍是 dataframe
```

	B	C
a	-0.646824	-0.247810
b	0.671649	0.615052
c	1.604788	-0.885914
d	1.076134	1.029607

```
my_dataframe[['B']]  #指定列访问 2,返回有列标题,返回值仍是 dataframe
```

	B
a	-0.646824
b	0.671649
c	1.604788
d	1.076134

```
my_dataframe['B']  #指定列访问 3,返回无列标题,返回值是序列 series
a    -0.646824
b     0.671649
c     1.604788
d     1.076134
Name: B, dtype: float64
my_dataframe.iloc[1]  #指定行访问 1,指定行号
A    0.452257
B    0.671649
C    0.615052
D    0.240041
E    0.470151
Name: b, dtype: float64
my_dataframe.loc['b']  #指定行访问 2,指定行索引
A    0.452257
B    0.671649
C    0.615052
D    0.240041
E    0.470151
Name: b, dtype: float64
```

对 DataFrame 的访问很有意思,指定行和指定列访问是不一样的。如例 4-4-9(b)中所示,通过"数据框名[[列标题]]"的格式,可以获取指定列构成的子表(包含行序号和列标题),而"数据框名[列标题]"则获取指定列的内容,返回一个序列(含行序号,但无列标题)。而要访问指定行,则需要借助 DataFrame 内嵌的 iloc 方法或 loc 方法,其中 iloc 方法中指定的是行序号(数),而 loc 方法中指定的是行索引名(字符)。

总结一下,本节主要介绍了 6 种主要的数据结构:列表、元组、字典、集合、NumPy 的多维数组 ndarray,以及 Pandas 的数据框 DataFrame,这些数据结构就是我们后续数据生成或导入、处理和分析的直接对象。

4.5 Python 基本语法

语言的语法规则虽然不是程序的核心,但是,一旦程序违反语法规则,要么没通过编译,无法运行,要么凑巧通过了编译,却暗含逻辑错误,最终导致结果出错和误导,则有可能带来更大的损失。

4.5.1 基本命令

4.5.1.1 import 命令

我们先回顾例 4-4-1，代码中第一句 import math 是起什么作用的呢？Python 采用的是一种模块化的机制，很多功能被封装在相应的专门模块中。一般而言，一个程序往往并不需要用到所有的功能，因此 Python 采取的策略是不默认加载专用模块，而由用户在需要使用时用 import 语句来导入。例如，这里的 import math 就是导入 Python 中名为 math 的内置模块，导入后，才能使用 math 中定义的各种对象、属性或方法，例如这里用到的圆周率 π 常数。另外，请注意，我们对模块内的对象、属性或方法进行访问时，采用的是点操作符，用"模块名. 对象（或属性或方法）名"的形式，如例 4-4-1 的 math. pi。

除了内置模块外，我们下载的各种工具包，使用之前也要用 import 命令专门导入。例如，在使用 Pandas 的数据框之前，必须先用 import 命令导入 Pandas，而为了在后续对 Pandas 的引用更简洁，还可以使用 import as 命令，将 Pandas 简写为 pd，后面再用到时，就不用写全称 Pandas，而只要写 pd 即可。例如，要用 Pandas 中的 DataFrame 方法创建一个新的数据框，写成 pd. DataFrame 即可。

4.5.1.2 Jupyter Notebook 语法着色

继续来看例 4-4-1，在 Jupyter Notebook 中，大家会发现代码中不同的字会呈现不同的颜色。例如，import、print、True 和几个数字都是绿色的，字符串 haha 是红色的，自定义的列表 my_list1 又是黑色的。这是 Jupyter Notebook 提供的语法着色。绿色表示是 Python 定义的关键字或不可修改的内容，例如 import 是关键字，不允许被修改或被重新定义；逻辑真值 True 的内容、数字的内容也都是固定的，不允许被重定义。需要特别注意的是，我们自定义的变量名、对象实例名等标识符名不能是绿色的，否则就说明与 Python 的关键字或不可修改内容冲突了。

Python 的关键字定义在模块 keyword 中，可以通过命令 keyword. kwlist 来查看（见图 4-5-1）。

```
C:\Python\Scripts>python
Python 3.7.0 (v3.7.0:1bf9cc5093, Jun 27 2018, 04:59:51) [MSC v.1914 64 bit (AMD6
4)] on win32
Type "help", "copyright", "credits" or "license" for more information.
>>> import keyword
>>> keyword.kwlist
['False', 'None', 'True', 'and', 'as', 'assert', 'async', 'await', 'break', 'cla
ss', 'continue', 'def', 'del', 'elif', 'else', 'except', 'finally', 'for', 'from
', 'global', 'if', 'import', 'in', 'is', 'lambda', 'nonlocal', 'not', 'or', 'pas
s', 'raise', 'return', 'try', 'while', 'with', 'yield']
>>>
```

图 4-5-1 查看 Python 的关键字

4.5.1.3　注释

Python 中用 ♯ 作为注释的标记，其后的语句不会被运行，我们用来在其中写各种给程序员看的提示性文字。这里也建议读者养成编程时写注释的良好习惯，合理的注释能增加代码的可读性，方便之后的阅读、维护，以及与团队成员的协作。

4.5.1.4　Python 支持的运算（操作符）

常规运算在 Python 中都有支持，例如访问对象中属性或方法的"."操作符；包含" ** "（幂）"＋""－"" * """/""//"（求整除）"％"（求余数）的算术运算操作符；按照数据在内存中的二进制位（bit）进行操作的位运算符；比较两个操作数的如">""<"">＝""<＝""＝＝"（等于）"!＝"（不等于）比较运算符（又称关系运算符）；对逻辑值操作如"not""and""or"的逻辑运算符等。

此外，包含"is""is not"的身份运算，包含"in""not in"的成员运算也常常被认为是两种运算。

Python 用"＝"表示赋值，还有与其他运算符（如算术运算符、位运算符等）相结合的扩展赋值运算，如"＋＝""－＝"" * ＝"等。Python 赋值还有比较独特的地方，即支持多变量同时赋值，以及连续赋值。

例 4-5-1　Python 常用运算举例。

```
♯常用运算举例
a,b,c = 1,True,'haha'  ♯多重赋值
print('a = ',a, ',      b = ',b,',    c = ',c)


x = y = z = 0  ♯连续赋值
print('x = ',x, ',     y = ',y,',    z = ',z)


xx = 10
xx += 10  ♯扩展赋值
print('xx = ',xx)


print('条件表达式 10 <= 5 的返回值为: ',10 <= 5)
print('逻辑表达式 10 <= 5 or 3 >= 1 的返回值为: ',10 <= 5 or 3 >= 1)
print('成员运算\'s\' in \'string\'的返回值为: ', 's' in 'string')
print('身份运算 x is y 的返回值为: ',x is y)
a= 1 ,     b= True ,    c= haha
x= 0 ,    y= 0 ,    z= 0
xx= 20
条件表达式10<=5的返回值为: False
逻辑表达式10<=5 or 3>=1的返回值为: True
成员运算's' in 'string'的返回值为: True
身份运算 x is y 的返回值为: True
```

当多种运算混合时，总体而言，优先级为算术运算＞位运算＞关系运算＞身份运算＞成员运算＞逻辑运算＞赋值。

4.5.2　控制流和相关语法

接下来,我们重点了解 Python 中程序执行的几种控制流和相关语法。通常程序执行有三种控制流:顺序、条件分支和循环,如图 4-5-2 所示。

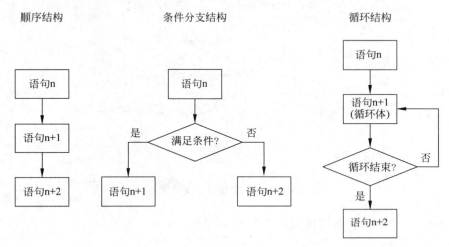

图 4-5-2　三种典型的控制流

常规而言,一个程序中代码的执行是顺序进行的,即执行完第 n 句代码,接着就执行第 n+1 句代码。但是,有两种控制流会改变代码的执行顺序,形成我们通常所说的条件分支结构和循环结构。

4.5.2.1　条件分支

在程序执行的过程中,我们常常需要依据一定的前提条件而做出不同的操作,此时顺序结构已不能满足需求,从而需要条件分支结构。Python 中的 if 关键字提示进入条件分支结构,配合 else 和 elif 关键字,可实现基本的单条件分支或多条件分支,语法格式为:

```
if    条件表达式 1:
      分支语句块 1
elif  条件表达式 2:
      分支语句块
        ⋮
elif  条件表达式 n:
      分支语句块 n
else:
      分支语句块 n+1
```

其中,所有 elif 句缺省时即为图 4-5-2 中的单条件分支,elif 句不缺省时,为多条件分支,流程图可参见图 4-5-3。特别要注意,if、elif 和 else 句的末尾,由冒号":"提示进入下属语句块,同时各分支语句块以缩进格式来表示该分支未结束。

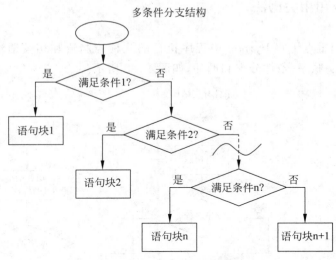

图 4-5-3　多条件分支流程

例 4-5-2　依据输入值不同的情况做不同输出的条件分支举例。

```
# if 条件分支
import math
print('请输入一个数作为 x 的取值')
x = float(input())
print('\n') # 屏幕打印回车
if x > 0:
    print('x 是正数')
    print('x 的平方根是',math.sqrt(x))
elif x == 0:
    print('x 是 0')
    print('x 的平方根是 0')
else:
    print('x 是负数')
    print('x 不可以求平方根')
print('\nx = ',x)
请输入一个数作为x的取值
9


x 是正数
x的平方根是 3.0

x = 9.0
```

例 4-5-2 中,我们用 input()命令等待键盘输入一个数,对输入值进行符号判断,并对非负数求平方根,然后在屏幕打印输出判断的结果,即输入值是正数、负数还是 0,最后在屏幕打印输入值。如果反复运行这一段代码,就会发现对于各种键盘输入数字的情况,三个缩进的代码块总是三选一执行的,也就是说,三个代码块分别代表程序的三条分支,程序根据 x 的具体取值,决定到底执行哪一条分支。再来关注一下语法,这里我们看到,if 和 elif 关键字之后,必须跟一个条件表达式,再以冒号":"提示下一行起是上述条件满足后要执行的语句,紧接着,以缩进的方式代表该条件下的相应语句块。else 由于直接包括了所有剩下的情况,所以其后不再需要条件表达式,而是直接跟冒号,下一行起同样用缩进代表对应该分支的语句块。

注意例 4-5-2 最后一句 print 命令。这句代码没有缩进,是与 else 对齐的,这会被解释为它不属于 else 下的分支语句块,而会在所有条件分支完成之后被执行。所以,我们就看到,无论输入的数是哪种情况,"x="这个式子总是会被打印到输出区。用缩进来界定语句块,这是 Python 相较于其他编程语言特殊的地方。

这里补充介绍一下条件表达式。在计算机编程中通常所说的条件表达式,是指一个返回值为逻辑型(又称布尔型)的表达式,即返回两种可能:True 或 False。Python 中常见的条件表达式有:

(1) 关系表达式(或比较表达式)。如用比较运算符">""<"">=""<=""=="
"!="(不等于)串联的表达式"x 运算符 y",其意义是判断 x 和 y 是否满足运算符的关系,满足,则该表达式的值为 True;否则为 False。

(2) 成员或身份运算表达式。用"in""not in""is""is not"等串联的表达式,其意义如表 4-5-1 所示。

表 4-5-1　成员与身份运算表达式

运算符	表达式	意　　义
in	x in y	在 y 中找到了 x 返回 True,否则返回 False
not in	x not in y	在 y 中找不到 x 返回 True,否则返回 False
is	x is y	标识符 x 和标识符 y 是引用的同一对象则返回 True,否则返回 False
is not	x is not y	标识符 x 和标识符 y 是引用的不同对象则返回 True,否则返回 False

(3) 逻辑表达式。用逻辑运算符"and""or""not"串联的表达式,其意义如表 4-5-2 所示。逻辑表达式的操作数可以是逻辑值,也可以是上述的能返回逻辑值的关系表达式、成员或身份运算表达式。

表 4-5-2　逻辑运算符与逻辑表达式

运算符	表达式	意　　义
and	x and y	逻辑"与"运算,当且仅当 x,y 均为 True 时返回 True
or	x or y	逻辑"或"运算,当且仅当 x,y 均为 False 时返回 False
not	not x	逻辑"反"运算,x 为 True 则返回 False,x 为 False 则返回 True

4.5.2.2　循环

在实际应用中常常会遇到这样一种情况:我们需要对不同的对象做非常类似的操

作。如果还采用顺序结构,代码势必会很长,尤其是其中相似的代码块会非常多,而过多相似的代码又会带来程序调试、维护的诸多困难。此时,我们就可以考虑采用循环,把在不同对象上的相似操作都放到循环体中,再用循环变量控制对不同操作对象的引用。

1. for 循环

Python 中常用 for 引导循环结构。语法格式为:

```
for   循环变量   in   循环对象:
        循环体语句块
```

其意义为循环变量从被赋值为循环对象的第一个元素开始,每执行完一次循环体,循环变量就改变赋值为循环对象的下一个元素。遍历循环对象中的所有元素后,就跳出循环体。同样不要忘记,for 语句末尾由冒号":"提示进入循环,而其下的循环体语句块须用缩进表示,退出缩进时则表示该语句已不再属于循环体。

例 4-5-3(a)   for 循环举例——嵌套循环。

```
# for 循环——嵌套
my_list = ['C#','Java','Python','R']
for i in [1, 2]:
        print ('第',i,'次外循环')
        for opt_language in my_list:
                print ('\t',opt_language)
print ('\n 循环结束!')
第 1 次外循环
            C#
            Java
            Python
            R
第 2 次外循环
            C#
            Java
            Python
            R

循环结束!
```

例 4-5-3(a)中,第 1 个 for 语句提示循环开始,声明循环变量 i,循环对象是一个由中括号[]界定的列表,其中包含两个元素,即整数 1 和整数 2,其后,冒号提示下面是循环体语句块,语句块用缩进表示。i 的内容从循环对象的第一个元素开始,每执行完一次循环体,i 就改变为循环对象的下一个元素。i 遍历循环对象中的所有元素后,循环就完成了。第 2 个 for 循环的循环变量是 opt_language,循环对象是代码第一句定义的列表 my_list,共 4 个元素,同样,遍历完这 4 个元素,循环就完成了。需要注意的是,第 2 个 for 语句也在缩进中,表示第 2 个 for 循环属于第 1 个循环的循环体,因此这里构成的是一个双重循环(或称嵌套循环)。运行代码后,可以从输出区的显示体会到双重循环的意思。

如果第 2 个 for 不缩进呢? 我们将这一段代码与例 4-5-2(a)代码对比。

例 4-5-3（b） for 循环举例——非嵌套循环。

```
my_list = ['C#', 'Java', 'Python', 'R']
for i in [1, 2]:
    print ('第', i, '次循环')
for opt_language in my_list:
    print (opt_language)
print ('\n 循环结束!')
第 1 次循环
第 2 次循环
C#
Java
Python
R

循环结束!
```

例 4-5-3（b）中，第 2 个 for 没有缩进，代表其和第 1 个 for 循环是并列的，运行一下，看看输出区结果。果然，结果显示，第 1 个 for 循环执行完以后才会执行第 2 个 for 循环。这正体现了格式不同其代码执行逻辑也不同。所以，务必要引起注意，不要出错。

例 4-5-3 中的循环对象是列表，其实循环对象还可以是元组、字典、集合等，例如我们后面还会常常使用枚举函数 enumerate 的返回值（元组）作为循环对象。在后续的学习中，大家不妨多留意一下 for 循环的应用。

2. while 循环

Python 还支持 while 循环，语法格式为：

```
while  条件表达式:
    循环语句快
```

其中的条件表达式中包含对自定义的循环变量的条件判断。与 for 和 if 用法类似，while 语句结尾以冒号提示即将进入循环语句，而以缩进代表同一循环语句块，退出缩进的语句也就不再属于循环体了。上述语句的执行过程是当条件满足时，就执行循环体，直到条件不满足而跳出循环。与 for 循环中循环变量的自动修改不同，while 循环中的循环变量不会自动修改，因此使用 while 循环时，务必在循环体中有对循环变量修改的明确操作，否则就会陷入无限循环。

例 4-5-4 while 循环举例。

```
x = 0
while x < 5:
    print('循环中...', x, '小于 5')
    x += 1
print('\n 循环退出时, x = ', x)
循环中... 0 小于5
循环中... 1 小于5
循环中... 2 小于5
循环中... 3 小于5
循环中... 4 小于5

循环退出时, x= 5
```

例 4-5-4 中,while 后的条件表达式 x<5 即指明了 x 为循环变量,每执行一次循环体,x 会加 1,这样才能确保初始时满足的条件,最后因为 x 的变化而有不满足的可能,从而能结束循环。

循环体中,还常见两个命令:break 和 continue,其中 break 语句是退出循环体(终止循环)命令,而 continue 语句则是直接跳到下一次循环。

至此,我们已基本了解了 Python 的基本语法规则,就可以开始编写自己的 Python 代码了。

4.6 Python 数据导入

本节将介绍如何使用 Python 将数据导入程序,以供后续的分析。

4.6.1 本地数据导入

如果数据文件已经保存在我们的计算机硬盘上,那么可以用本地载入函数,常用的有 numpy.loadtxt 和 pandas.read_csv。

1. numpy.loadtxt

numpy.loadtxt 能将指定文件中的数据加载到数组。它支持纯文本文件,所以后缀名 txt 文件和 csv 文件都可以用它来加载。同时,由于它返回的是 numpy.ndarray 数据结构(多维数组),所以一般用来加载数据类型一致的数据文件。

例 4-6-1(a) numpy.loadtxt 加载举例。

```
import numpy as np
x = np.loadtxt('global - earthquakes.csv',delimiter = ',')
print('x 的结构为: ',type(x))
print('x 数组的大小为: ',x.shape)
print('x 头 2 行头 3 列的内容为: \n',x[:2,:3]) #ndarray 的二维切取
x_int = np.loadtxt('global - earthquakes.csv',delimiter = ',',dtype = int)
print('指定 int 型导入的 x_int,其头 2 行头 3 列的内容为: \n',x_int[:2,:3])
x的结构为: <class 'numpy.ndarray'>
x数组的大小为: (59209, 8)
x头2行头3列的内容为:
 [[1.973e+03 1.000e+00 1.000e+00]
 [1.973e+03 1.000e+00 1.000e+00]]
指定int型导入的x_int其头2行头3列的内容为:
 [[1973    1    1]
 [1973    1    1]]
```

例 4-6-1(a)中,我们加载了一个全球地震数据文件,需要注意的是,如果要加载的数据文件并不在当前的工作目录,则在文件名还应包含完整的路径。例如,文件存在 D 盘的 my_data 目录下时,numpy.loadtxt 命令中的文件名应写成"d:\my_data\global-earthquakes.csv"。delimiter 参数用来指定数据与数据之间的分隔符。从文件读入的数据被保存到我们定义的 x 中。通过屏幕打印 x 的 type(类型),可以看到这是一个

NumPy 的 ndarray 结构(类)。应用 ndarray 内嵌的 shape 方法,可以查看我们所导入数据的规模,输出区显示这个地震数据有 5 万多行、8 列。ndarray 的切取规则与之前介绍的 list 的切取规则是一样的,这里,我们尝试切取了数据中前两行、前三列的片段,并在输出区打印。可以看到,所有的数据都被当成了默认的浮点型(float)。loadtxt 也允许指定导入的数据类型,通过指定参数 dtype=int 即整数型时,再切取同样的片段屏幕打印,输出区显示刚才的浮点型数据已经变成整数了。

尽管 numpy.loadtxt 可以读取电子表格数据并以二维数组也就是矩阵的形式返回,但是它默认电子表格中原始数据类型是一致的。不一致时,则会尝试转换成一致。如果转换不成功,就会报错。

例 4-6-1(b) 数据类型不一致时 numpy.loadtxt 应用举例。

```
import numpy as np
x = np.loadtxt('iris.csv',delimiter = ',')            # 注意 Iris 中除了数还有字符串
ValueError: could not convert string to float:'setosa'
x = np.loadtxt('iris.csv',delimiter = ',',dtype = str) # 强制把所有数据用字符串形式导入
print(type(x))
print(x.shape)
print(x[:2,:3]) # ndarray 的二维切取
<class 'numpy.ndarray'>
(150, 5)
[['5.1' '3.5' '1.4']
 ['4.9' '3.0' '1.4']]
```

例 4-6-1(b)中尝试对鸢尾花 iris.csv 进行读取。要注意这个文件中的数据除了数,还有字符串(见表 4-6-1),我们用 loadtxt 默认类型加载时,就会出现无法将其中字符串转换为浮点数的错误提示。如果一定要导入,我们也可指定参数 dtype=str 也就是字符串,这样就把所有的数转变为字符串导入。通过输出区可以看到,二维数组中的内容确实都变成字符串形式了。

表 4-6-1　鸢尾花数据

5.1	3.5	1.4	0.2	setosa
4.9	3	1.4	0.2	setosa
4.7	3.2	1.3	0.2	setosa
4.6	3.1	1.5	0.2	setosa
5	3.6	1.4	0.2	setosa
...	...	...	...	...

实际应用中数据类型不统一的电子表格数据反而是更常见的,此时 numpy.loadtxt 使用并不方便,这种情况下我们会更倾向于使用 pandas 中的 read_csv 方法。

2. pandas.read_csv

pandas.read_csv 方法能将指定的电子表格文件中的数据导入到 Pandas 的 DataFrame 结构中,并尽可能地保留表格中的原始数据类型。在 4.2 节介绍过,DataFrame 本身就是一个二维表格结构,可以说是存储结构化数据的绝佳对象。

例 4-6-2　pandas. read_csv 应用举例。

```
import pandas as pd
data = pd. read_csv('iris.csv', header = None,
                    names = ['sepal_len','sepal_wid',
                             'petal_len','petal_wid','target'])
print('返回的数据类是',type(data))
data. head()
    返回的数据类是 <class 'pandas. core. frame. DataFrame'>
```

	sepal_len	sepal_wid	petal_len	petal_wid	target
0	5.1	3.5	1.4	0.2	setosa
1	4.9	3.0	1.4	0.2	setosa
2	4.7	3.2	1.3	0.2	setosa
3	4.6	3.1	1.5	0.2	setosa
4	5.0	3.6	1.4	0.2	setosa

```
print('data. value 属性的数据类是：',type(data. values))
print('切取表格内数据的头 2 行头 5 列为：\n',data. values[:2,:5])
data. value属性的数据类是：<class 'numpy. ndarray'>
切取表格内数据的头2行头5列为：
 [[5.1 3.5 1.4 0.2 'setosa']
 [4.9 3.0 1.4 0.2 'setosa']]
```

例 4-6-2 中,用 pandas. read_csv 导入了如表 4-6-1 所示的鸢尾花 iris. csv 文件。后缀名 csv 是逗号分隔值(comma-separated values)的缩写,这类文件中以纯文本形式存储表格数据,可以通过 Excel 软件直接打开。如表 4-6-1 所示 iris. csv 中没有对每列进行命名,也就是没有列标题栏,所以例 4-6-2 中调用 pandas. read_csv 时除了指定数据文件名,还设置了参数 head＝None,表示没有表头,以及用 names 参数为表格的 5 列设置 5 个列标题。导入的数据被放到我们命名的 data 中,检查一下 data 的类,确实是 DataFrame,采用 DataFrame. head 方法,在输出区把数据框的前 5 行显示出来,确实是一个完美的电子表格。如果我们只对表格内容感兴趣,则可以只访问 DataFrame. values,其中存放的就是表格数据的二维数组,即矩阵,它是一个支持不同数据类型的 numpy. ndarray 类,既然是 ndarray 类,对它的切取访问规则就与之前介绍的切取规则是一样的。

4.6.2　在线数据导入

除了加载本地文件,我们还可以从网络上获取在线文件。

pandas. read_csv 支持直接从网络上读取文件,只要我们能提供文件的 url 地址。

例 4-6-3　利用 pandas. read_csv 获取在线数据举例。

```
url = 'https://raw. githubusercontent. com/justmarkham/DAT8/master/data/bikeshare. csv'
bikes = pd. read_csv(url)
bikes. head()
```

	datetime	season	holiday	workingday	weather	temp	atemp	humidity	windspeed	casual	registered	count
0	2011-01-01 00:00:00	1	0	0	1	9.84	14.395	81	0.0	3	13	16
1	2011-01-01 01:00:00	1	0	0	1	9.02	13.635	80	0.0	8	32	40
2	2011-01-01 02:00:00	1	0	0	1	9.02	13.635	80	0.0	5	27	32
3	2011-01-01 03:00:00	1	0	0	1	9.84	14.395	75	0.0	3	10	13
4	2011-01-01 04:00:00	1	0	0	1	9.84	14.395	75	0.0	0	1	1

URL 是统一资源定位符（Uniform Resource Locator）的缩写，代表了资源在网络上的唯一地址。所以，例 4-6-3 中 read_csv 的用法其实是与本地数据导入时需提供文件在本机的存储地址是一样的。

Python 自带模块 urllib 还提供了获取网络数据的更多途径，例如，我们可以用 urllib. request. urlopen 方法打开相应的网页，然后，根据网页上数据的具体形式，也就是文件类型或数据格式，采用合适的函数来读取网页上的数据或文本。

例 4-6-4 利用 urllib 获取在线数据举例。

```
import urllib
url = 'https://www.csie.ntu.edu.tw/~cjlin/libsvmtools/datasets/binary/a1a'
my_a1a = urllib.request.urlopen(url)
from sklearn.datasets import load_svmlight_file
x, y = load_svmlight_file(my_a1a)
print (x.shape, y.shape)
print(x[:1,:100])    # x是一个稀疏矩阵类,存储的是矩阵中非零元素的位置
print(type(x))
print('\n')
print(y[:10])
print(type(y))
(1605, 119) (1605,)
  (0, 2)        1.0
  (0, 10)       1.0
  (0, 13)       1.0
  (0, 18)       1.0
  (0, 38)       1.0
  (0, 41)       1.0
  (0, 54)       1.0
  (0, 63)       1.0
  (0, 66)       1.0
  (0, 72)       1.0
  (0, 74)       1.0
  (0, 75)       1.0
  (0, 79)       1.0
  (0, 82)       1.0
<class 'scipy.sparse.csr.csr_matrix'>


[-1. -1. -1. -1. -1. -1. -1. -1. -1.  1.]
<class 'numpy.ndarray'>
```

网站 https://www.csie.ntu.edu.tw/~cjlin/libsvmtools/datasets/ 提供了很多 LIBSVM 格式的数据。例 4-6-4 尝试对网站的 a1a 数据集进行在线读取。其中 sklearn.

datasets. load_svmlight_file 用来读取 LIBSVM 格式数据,返回的 x 是已转换成稀疏矩阵形式的数据集中的样本特征,y 是样本的标签。从输出区可以看到 x 的类是一个 SciPy 中定义的稀疏矩阵类。

在前述例子中,我们打开的都是结构化的数据,也就是已经被组织成二维表格的数据。如果是非结构化数据呢?例如文字。对于非结构化数据,我们一般还是先将其结构化,转换为表格,这样方便后续的分析与建模。

例 4-6-5 文本数据结构化的举例。

```
from sklearn.datasets import fetch_20newsgroups
my_news = fetch_20newsgroups(categories = ['sci.med'])  #下载医学新闻数据集
#print(type(my_news),'\n')
#print(my_news.data[0],'\n')
from sklearn.feature_extraction.text import CountVectorizer
count_vect = CountVectorizer()
word_count = count_vect.fit_transform(my_news.data)     #返回一个稀疏矩阵对象
print('文本信息被转换成了: ',type(word_count))
print('矩阵大小为',word_count.shape,'\n')
print('第 1 篇新闻字频统计中在前 2000 个单词上的非零元素坐标和频次为:\n',
        word_count[0,:2000]) #第一行上非零元素的坐标(元组表示)以及频次
word_list = count_vect.get_feature_names()
for n in word_count[0].indices:
    print(word_list[n],'\t 出现了 ', word_count[0,n], '次') #打印第 1 篇新闻的字频情况
```

```
文本信息被转换成了: <class 'scipy.sparse.csr.csr_matrix'>
矩阵大小为 (594, 16257)

第1篇新闻字频统计中在前2000个单词上的非零元素坐标和频次为:
   (0, 1496)      1
   (0, 1495)      1
   (0, 1890)      1
   (0, 1594)      1
   (0, 1999)      1
   (0, 1621)      1
   (0, 564)       1
russell           出现了  1 次
bertrand          出现了  1 次
absurdities       出现了  1 次
by        出现了  1 次
frightened        出现了  1 次
be        出现了  1 次
learn     出现了  1 次
must      出现了  1 次
```

例 4-6-5 中,fetch_20newsgroups 下载的新闻文本信息,存放在返回对象 my_news 的 data 属性里。我们利用 CountVectorizer 中的 fit_transform 方法可以实现对文本数据的字频统计,其返回值是一个稀疏矩阵,命名为 word_count,其中一行代表一个文本文件,一列代表一个字或单词在对应文件中出现的频次,所有列即代表了该数据集中所有出现过的单词,所以矩阵的尺寸 594 行代表数据集有 594 篇新闻,16257 列代表共有不重复的单词 16257 个。但实际上 word_count 中并不会真地放这么大的一个矩阵,而是只保存其中非零元素的坐标(用元组(行下标,列下标)的形式)以及该非零元素的值。例中

还在输出区打印了单词表中的单词在第 1 篇新闻文本中出现的次数（不影响示意，输出区截图我们只截取了部分）。这样，通过字频统计，非结构化的文本信息就被转化成了结构化的字频统计二维表。后续，就可以对字频表进行常规的分析了。

4.6.3 数据的连续流加载

本节最后，我们来了解一下对大数据的读取。当数据规模过大时，为减轻计算机负担，数据最好以连续流的方式流入，而非一次性加载。

例 4-6-6 chunk 方式的连续流加载举例。

```
import pandas as pd
my_chunk = pd.read_csv('iris.csv',
                       header = None,
                       names = ['h1','h2','h3','h4','h5'],
                       chunksize = 3)
print('此时的返回值类是: ',type(my_chunk),'\n')
#注意规定 chunksize 后,返回的数据类型不再是 DataFrame,而是一个可迭代的 TextFileReader
对象
#它保存了若干个 chunk 位置,但只有当被迭代器指到时,才会真正把对应的数据块读入到内存

for n,chunk in enumerate(my_chunk):
    #枚举函数返回形如(元素序号,元素)的元组
    print(chunk.shape)
    if n <= 1:
        print('本次的 chunk 为: \n',chunk) #每一个 chunk 又是一个 DataFrame
        print('\n')
        print('get_chunk 获得: \n',my_chunk.get_chunk(1),'\n')
        #get_chunk 函数是从当前位置起获取指定大小的数据块,返回也是 DataFrame
        #get_chunk 会改变迭代器指针,体会一下哦
```

此时的返回值类是：〈class 'pandas.io.parsers.TextFileReader'〉

```
(3, 5)
本次的chunk为:
     h1   h2   h3   h4      h5
0  5.1  3.5  1.4  0.2  setosa
1  4.9  3.0  1.4  0.2  setosa
2  4.7  3.2  1.3  0.2  setosa


get_chunk获得:
     h1   h2   h3   h4      h5
3  4.6  3.1  1.5  0.2  setosa

(3, 5)
本次的chunk为:
     h1   h2   h3   h4      h5
4  5.0  3.6  1.4  0.2  setosa
5  5.4  3.9  1.7  0.4  setosa
```

```
6  4.6  3.4  1.4  0.3  setosa

get_chunk获得:
      h1   h2   h3   h4      h5
7  5.0  3.4  1.5  0.2  setosa

(3, 5)
(3, 5)
```

例 4-6-6 在 read_csv 方法中,指定参数 chunksize＝3,这样得到的数据不再是 DataFrame,而是一个可迭代的 TextFileReader 对象。TextFileReader 对象并没有保存文件数据,而是保存 chunk 的尺寸和位置,只有当被迭代器指到时,才会真正把对应的数据块读入到内存中。我们用 for 循环遍历这个对象,通过输出区可以看到数据被分割为每 3 行一块,读取时数据才会加载到内存。Pandas 还为可迭代数据提供了一个 get_chunk 方法,用来读取从迭代器当前位置开始指定大小的区块数据。如例 4-6-6 中,每次执行 get_chunk 返回的数据都是在 chunk 后的下一个位置。同时,我们也看到,get_chunk 方法也会影响迭代器的指针,使得 chunk 从 get_chunk 返回的下一个位置开始读取数据。

例 4-6-6 中在 for 循环中使用枚举函数 enumerate( )作为循环对象,enumerate 函数会返回形如(元素序号,元素)的元组,正好可以用元素序号指示循环的次数,元素(这里是 chunk)则可以直接拿来读取。

csv 包中的 reader 函数和 DictReader 函数也可以实现小块数据的迭代。它们都返回一个可迭代的对象,可随着迭代器指示的位置变化,来依次读取数据。

例 4-6-7 csv.reader 实现流载入数据举例。

```
import csv
with open('iris.csv','r') as my_data_stream:
        ＃with 命令保证其后缩进的命令块执行完毕后文件会关闭
        ＃用 open 命令以只读方式打开文件,创建的文件对象保存在 my_data_stream 中

        ＃用 csv.reader 对给定的文件对象读取,一次读取文件中的一行,作为列表对象
        ＃这里的 reader 返回的是迭代器对象
        my_reader = csv.reader(my_data_stream)
        for n,row in enumerate(my_reader):
            if n <= 3:
                print(row)                        ＃可见每个 row 都是一个列表
                print(type(row),'\n')
['5.1', '3.5', '1.4', '0.2', 'setosa']
<class 'list'>

['4.9', '3.0', '1.4', '0.2', 'setosa']
<class 'list'>

['4.7', '3.2', '1.3', '0.2', 'setosa']
<class 'list'>

['4.6', '3.1', '1.5', '0.2', 'setosa']
<class 'list'>
```

例 4-6-7 用 reader 读取指定的文件对象,返回的可迭代 reader 对象可以一行一行地将文件中的数据转换成列表输出。

本节介绍了数据的导入。读者不妨去网上下载一些感兴趣的数据,然后尝试用本节介绍的方法来导入。

到这里,本章对于 Python 的基本介绍就完成了。当然,由于课时限制和本书的侧重,我们不可能对 Python 本身做更深入的探讨。但是任何一门语言,都是在实践中逐步熟悉掌握的。相信大家在后续学习中,通过使用 Python 语言,对其会有更多、更深入的认识。

第 5 章

探索性数据分析

之前章节已经介绍了如何设计数据方案获取数据,以及如何使用 Python 导入数据。本章将介绍得到数据后,如何对数据进行初步分析,即探索性数据分析。

探索性数据分析(Exploratory data analysis,EDA)是我们获得数据以后的第一步工作,目的是初步了解数据集,验证一些简单假设,为形成后续的假设、构建模型提供基础和依据。本章将介绍基本的 EDA 流程与常用方法,以及一些数据清洗与处理手段。其间,还会对涉及的一些统计学概念和信号处理知识做必要的补充。

归纳来说,EDA 的流程包括数据检查、数据预处理,以及数据初步分析,如图 5-0-1 所示。其中,数据检查又涉及了解数据的意义及规模、了解特征的数据类型及意义,以及初步排除数据泄露等;数据预处理则包括缺失处理、异常处理和冗余处理等;数据初步分析则主要是对现有数据做最基本的描述性统计。

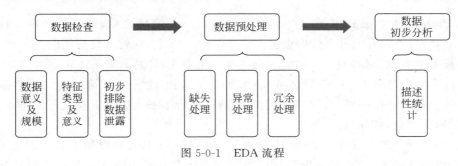

图 5-0-1　EDA 流程

5.1　数据检查

总体来说,数据检查主要包括了解数据的意义及规模、了解特征的数据类型及意义,初步排除数据泄露等。

5.1.1　数据的意义及规模

数据是什么数据?是结构化的还是非结构化的?如果是结构化的数据,即数据已经被组织成了二维表格的形式,其中的行、列分别对应什么实际意义?如果是非结构化的数据,能否转换为结构化的数据以方便后续处理?数据包含多少样本?每个样本由多少特征来描述?对于结构化的数据,数据包含多少行、多少列?如果样本被划分成不同类别,各类别的样本容量又分别是多少?

我们用一些具体的例子来进一步说明。

例 5-1-1　Titanic 数据集的数据意义和规模检查。

由 Titanic.csv 文件给出的 Titanic 数据集,根据数据提供方的描述,记录的是当年 Titanic 船难时,船上部分乘客的信息,已被组织成结构化数据,支持用 Excel 软件查看,也可以用 Python 导入读取。

```
import pandas as pd
my_data = pd.read_csv("Titanic.csv")
my_data
```

	PassengerId	Survived	Pclass	Name	Sex	Age	SibSp	Parch	Ticket	Fare	Cabin	Embarked
0	1	0	3	Braund, Mr. Owen Harris	male	22.0	1	0	A/5 21171	7.2500	NaN	S
1	2	1	1	Cumings, Mrs. John Bradley (Florence Briggs Th...	female	38.0	1	0	PC 17599	71.2833	C85	C
2	3	1	3	Heikkinen, Miss. Laina	female	26.0	0	0	STON/O2. 3101282	7.9250	NaN	S
...	...	...	...	...	...	...	...	...	...	...	...	...
888	889	0	3	Johnston, Miss. Catherine Helen "Carrie"	female	NaN	1	2	W./C. 6607	23.4500	NaN	S
889	890	1	1	Behr, Mr. Karl Howell	male	26.0	0	0	111369	30.0000	C148	C
890	891	0	3	Dooley, Mr. Patrick	male	32.0	0	0	370376	7.7500	NaN	Q

891 rows × 12 columns

用 Python 命令 pandas.read_csv 导入 Titanic.csv 文件之后,通过屏幕输出读入的数据 my_data,可以看到这个数据集包含了 891 行×12 列,这就是数据规模。

继续查看数据,可以看出数据每一行代表一位乘客,即总共有 891 位乘客(样本容量 891);每一列代表乘客的一个特征或属性,每位乘客由 12 个特征来描述,包括"乘客编号""是否生还""舱位等级""姓名""性别""年龄""同行平辈人数""同行父母或子女人数""票号""船费""舱名"和"登船港口"。

现在,请读者思考这样一个问题:例 5-1-1 中这 12 个特征可以被不加区别地用同样的方法(例如求算术平均)来分析吗?可能有读者注意到了,这 12 个特征不能被笼统地不加区别对待。为什么呢?这就涉及与特征实际意义紧密联系的特征的数据类型。

5.1.2　特征的数据类型及意义

数据的每一列(特征)在文件中的存储数据类型是什么?其对应的实际意义是什么?由此实际意义决定的实际数据类型又是什么?

进行数据分析时,我们常常将特征分为以下几种数据类型。

1. 数值型数据

数值型数据指具有数量上的意义,支持比较大小,同时还支持加减乘除、求算术平均等基本数学运算的那些数据。数值型数据在计算机中常常体现为整数或浮点数的存储形式。

2. 排序型数据

排序型数据也具有数量上的定义,所以支持比较大小,但不一定满足基本的数学运算。例如我们通常的排名数据,可以定义第一名最好,排名数字越大对应排名越差,所以排名是可以相互比较大小的。但是排名数据并不支持加法运算,例如第一名＋第二名并不等于第三名,第一名与第三名的算术平均也并不一定就等于第二名。所以通常的排名,尽管可能以整数体现,但并不能当成线性域定义的数值来对待。

排序型数据在计算机中可能出现整数和字符型的存储形式。

3. 类别型数据

类别型数据则没有数量上的对应性,因此没有大小的意义,仅仅作为一个标记符号,表示出一个类别与其他类别的不同,或者是一个个体与其他个体的不同。

类别型数据在计算机中最常见的是字符型的存储形式,但也不乏以整数存储的情况。当出现以整数存储的类别数据时,要特别注意,尽管对其做数学运算并不违背语法规则,但是没有实际意义的。

4. 逻辑型/布尔型数据

类别型数据中,如果只存在两种非此即彼的选择,则一般称为逻辑型数据或布尔型数据。

逻辑型数据在计算机中可以体现为布尔存储形式(True 或 False),也可能体现为整数 0、1 的存储形式。逻辑型数据支持的运算与数学运算不同,是我们所说的逻辑运算。

例 5-1-2 Titanic 数据集中的特征检查。

结合各个特征的实际意义,我们会发现这 12 个特征呈现几种不同的数据类型。例如:

特征"年龄""同行平辈人数""同行父母或子女人数""船费"是有数量上的意义的,不同的值之间能比较大小,如"人数"4 大于"人数"2,"年龄"52 大于"年龄"34,也支持基本的数学运算,例如加减法、求算术平均等,因此,这些都是通常所说的数值型数据。

特征"性别""姓名""票号""登船港口"是以字符(串)型存储的类别型数据,不具备数量上的意义,不支持数学运算。

特征"是否生还"是什么类型?数据文件中各个样本在该特征上的取值是数字"0"或"1",所以它是数值型数据吗?

判断一个数据是否是数值型的,关键是考察其是否具备数量的意义(能比较大小),以及是否支持基本的数学运算。特征"是否生还"有两个取值,即 1(是)、0(否),"1"比"0"大吗?这两种取值做加减法会有意义吗?显然这两个问题的答案都是否定的,所以它不是数值型数据。对于这种只有两个备选,且非此即彼的数据类型,通常称为逻辑型或者布尔型。

再来看特征"舱位等级",它是数值型吗?如果"舱位等级"在定义时已经认定"1"代表最好的舱位,数字越大舱位等级越低,那么这个特征有数量上的定义,可以比较大小。但是,一个一等舱加上一个二等舱,并不等于一个三等舱,所以它也不是一个数值型数据。我们可以认为这是一种排序类型,是依据某个度量排序得到的,具备一定的量化意义。如果这里的数字 1~4 仅仅代表了不同的类别,不具备量的意义,即数字大或小都不代表等级高,这时只能认为它属于类别型数据。

最后来看特征"乘客编号",这个特征也极具迷惑性,好像是数值型或排序型。但是这个编号明显不支持数学运算,所以不是数值型。如果其大小没有特殊的含义,既不是某种度量的排序,也不是排序型。该特征主要用来区别不同的乘客,所以我们依然可以把它当成类别型来对待。

之前已经介绍过,pandas 的 read_csv 函数将 csv 文件中的数据导入一个 DataFrame 结构,DataFrame 封装的 info 函数能提供一些对数据的基本分析,例如数据的规模、每个特征有多少非空值,以及特征存储时采用的数据类型。要注意的是,这里的存储数据类型并不一定是特征的实际意义上的数据类型,但能给我们提供一定的参考。

```
1  print(my_data.info())    #这里可以看到, dataframe的info方法能返回对数据的一些总结
```
```
<class 'pandas.core.frame.DataFrame'>
RangeIndex: 891 entries, 0 to 890
Data columns (total 12 columns):
PassengerId    891 non-null int64
Survived       891 non-null int64
Pclass         891 non-null int64
Name           891 non-null object
Sex            891 non-null object
Age            714 non-null float64
SibSp          891 non-null int64
Parch          891 non-null int64
Ticket         891 non-null object
Fare           891 non-null float64
Cabin          204 non-null object
Embarked       889 non-null object
dtypes: float64(2), int64(5), object(5)
memory usage: 83.6+ KB
None
```

可见,对于特征,首先可依据"是否具备量化意义(即是否可比较大小),是否支持数学运算"的准则,区分出数值型数据和非数值型数据。对于数值型数据,后续可以用算术平均、标准差等量化统计量来分析;而对于非数值型数据,则主要依据它们来进行分组与筛选,整个判断流程可以参照图 5-1-1。

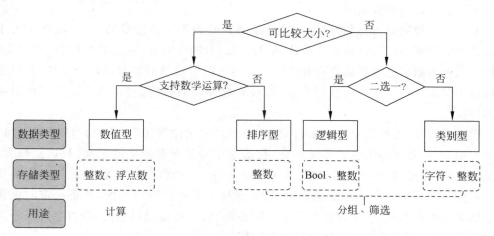

图 5-1-1　判断数据类型的流程

例如,我们对上述加载的 Titanic 数据,根据"舱位等级"进行分组,对"船费"进行算术平均统计,就可以获得每种"舱位等级"对应的平均"船费"了。

例 5-1-3 Titanic 数据集中不同舱位等级的船费统计。

```
import pandas as pd
my_data = pd.read_csv("Titanic.csv")
print('Table 1. Mean Fare of Group')
x = my_data.groupby(['PClass']).mean()
print(x ['Fare'])
Table 1. Mean Fare of Group
Pclass
1    84.154687
2    20.662183
3    13.675550
Name: Fare, dtype: float64
```

5.1.3　初步排除数据泄露

除了清楚上述的特征类型之外,关于数据的特征,我们还有需要特别关注的方面:这些特征真的是我们所关心的某种性质的体现,还是仅仅人为制造? 再面临新数据时,新数据也会具备这些特征并保持定义的一致性吗?

所以,EDA 中还有一项工作也不能忽略,即对数据泄露的排查,特别是后续如果要建立机器学习模型。这里的"数据泄露"并不是指常规意义上对于数据隐私的泄露,而是特指用来作为模型输入的特征中包含了泄露输出目标的信息,而这种特征在真实应用中却又是无法获得的。我们仍然通过具体的例子来进行说明。

鸢尾花数据集(iris. csv)总共包含 150 行(150 个样本)、5 列,即每个样本由 5 个属性描述。5 个属性中,前 4 个都是花萼或花瓣的尺寸信息,最后一个则是该样本所属的鸢尾花种属信息。假设我们要构建一个模型来实现鸢尾花种属的自动分类,也就是说希望模型能输出数据集的最后一列信息,那用什么作为模型的输入呢? 我们注意到整个数据集中,前 50 个、中间 50 个和最后 50 个刚好分别属于三个不同的种属。所以我们决定构造一个样本序号特征,这个特征取值为 1~150,完全反映样本在数据集中的顺序位置。接下来我们可以保证,仅用这个构造出来的序号特征作为模型输入,就能完美区分这 150 个鸢尾花的种属,例如采用图 5-1-2 所示的决策树(或条件分支结构)。

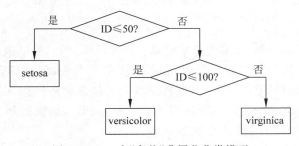

图 5-1-2　一个"完美"鸢尾花分类模型

　　请思考一下，图 5-1-2 这个"完美"模型是否有什么问题呢？更进一步，当我们要将这个模型应用于新采集来的数据，你预测模型判断鸢尾花种属正确的概率有多大？

　　这个模型中，我们构造的特征"样本序号"纯粹是我们看到了数据集中三个种属排序规律后人为制造出来的特征，与鸢尾花本身并无关系，但却如作弊一般泄露了用于建模的训练集中的分类目标信息，所以在这 150 个数据上显示出性能"完美"。但是，这种"完美"根本经不起新数据的考验，当面临新数据时，新数据的"样本序号"无疑会大于 150，在图 5-1-2 所示的模型下，会被全部判断为 virginica，毫无意义。这就是一种数据泄露。

　　现实情况下，人为规定的样本 ID 号常常是数据泄露的重要来源。例如以下这个例子：

　　在数据挖掘领域的国际知名 KDD 杯 2008 年度竞赛中，主办方提供了 1700 多位病患的医学图像数据作为训练集，目标是实现乳腺癌的诊断。有参赛者发现，数据集中的"病人 ID"存在着数据泄露，并给出了图 5-1-3，其中横轴代表病人 ID 号，纵轴代表用图像数据训练出来的支持向量机（SVM）模型的患乳腺癌风险打分，灰色点代表良性个体，黑色点代表恶性个体。图 5-1-3 显示仅仅用"病人 ID"就能达到比 SVM 模型更好的良性与恶性的区分度。但是很显然，用病人 ID 作为乳腺癌的诊断依据是很荒谬的，因为面临一个没有 ID 的新数据时，要如何诊断呢？为什么病人 ID 会泄露病患是否患乳腺癌的信息呢？一个可能的解释是，这些数据来源于不同的医疗机构，不同的机构对病人的编号方式不一样，这里连位数都不一样，所以导致了图 5-1-3 中 ID 完全分离的三个簇。而医疗机构本身可能又会泄露病患的疾病程度，例如一个保健型的医疗机构和一个专注于乳腺癌治疗的专科医疗机构，其中病人真正患乳腺癌的可能性是大不一样的。

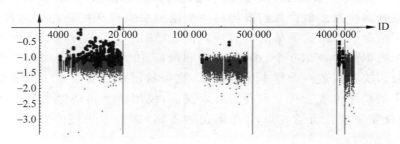

图 5-1-3　2008 年 KDD 杯某参赛队伍对比 ID 特征与 SVM 分类性能的图

（图片来源 https://doi.org/10.1145/2020408.2020496）

　　也许有读者会有疑问：数据泄露虽然是有作弊嫌疑，但只要结果好，不是也可以接受吗？请不要忘记，数据泄露带来的严重问题是，模型只在训练集（即建模数据）上表现得性能好，新数据因为目标是未知的，泄露特征将无法包含目标信息，因此再也没有获得好性能的理由了。其实这个现象（在训练集上表现很好，面临新数据却非常糟糕）本身就可以作为是否有数据泄露的一个重要判断依据。

　　除了上述例子中列举的形式，数据泄露还可能以更隐蔽的形式出现。从特征本身来看，建议主要做以下两点甄别：①特征真的是数据本身数量或性质的体现，还是某种人为的定义；②新的数据是自动具备这个特征，还是需要人工定义或由目标派生。当两个问题的答案都是前者时，才能比较放心地使用特征。

5.2 数据预处理

数据检查过后就可以进行数据预处理。基本的数据预处理主要包括缺失处理、异常处理和冗余处理。

5.2.1 缺失处理

仍以 Titanic 数据集为例。

```
import pandas as pd
my_data = pd.read_csv("Titanic.csv")
my_data.head(15)
```

我们发现其中的"年龄"(Age)和"舱号"(Cabin)所在列，都出现了 NaN 符号（图 5-2-1）。NaN 是英文 Not a Number 的缩写，表示未定义数据。

	PassengerId	Survived	Pclass	Name	Sex	Age	SibSp	Parch	Ticket	Fare	Cabin	Embarked
0	1	0	3	Braund, Mr. Owen Harris	male	22.0	1	0	A/5 21171	7.2500	NaN	S
1	2	1	1	Cumings, Mrs. John Bradley (Florence Briggs Th...	female	38.0	1	0	PC 17599	71.2833	C85	C
2	3	1	3	Heikkinen, Miss. Laina	female	26.0	0	0	STON/O2. 3101282	7.9250	NaN	S
3	4	1	1	Futrelle, Mrs. Jacques Heath (Lily May Peel)	female	35.0	1	0	113803	53.1000	C123	S
4	5	0	3	Allen, Mr. William Henry	male	35.0	0	0	373450	8.0500	NaN	S
5	6	0	3	Moran, Mr. James	male	NaN	0	0	330877	8.4583	NaN	Q
6	7	0	1	McCarthy, Mr. Timothy J	male	54.0	0	0	17463	51.8625	E46	S
7	8	0	3	Palsson, Master. Gosta Leonard	male	2.0	3	1	349909	21.0750	NaN	S
8	9	1	3	Johnson, Mrs. Oscar W (Elisabeth Vilhelmina Berg)	female	27.0	0	2	347742	11.1333	NaN	S
9	10	1	2	Nasser, Mrs. Nicholas (Adele Achem)	female	14.0	1	0	237736	30.0708	NaN	C
10	11	1	3	Sandstrom, Miss. Marguerite Rut	female	4.0	1	1	PP 9549	16.7000	G6	S
11	12	1	1	Bonnell, Miss. Elizabeth	female	58.0	0	0	113783	26.5500	C103	S
12	13	0	3	Saundercock, Mr. William Henry	male	20.0	0	0	A/5. 2151	8.0500	NaN	S
13	14	0	3	Andersson, Mr. Anders Johan	male	39.0	1	5	347082	31.2750	NaN	S
14	15	0	3	Vestrom, Miss. Hulda Amanda Adolfina	female	14.0	0	0	350406	7.8542	NaN	S

图 5-2-1　Python 导入 Titanic 数据时的 NaN 现象

如果对照看原始的电子表格文件，我们会发现凡是出现 NaN 的地方，其文件中对应的位置是空白的（图 5-2-2），也就是说，数据缺失了。Python 读入表格文件时，正是用 NaN 来标记其中的数据缺失。

事实上，现实中获取的数据有缺失值的现象是非常常见的。对于随机缺失的情况，也就是数据的缺失并不针对特定的数据，是无目的或非故意的，其处理可以有两种方式：丢弃和填充。

如果样本容量本身足够大，其中有信息缺失的只占少数，此时我们可以选择直接丢弃有缺失的数据。DataFrame.dropna 函数可以用来丢弃含有 NaN 的数据。

Passenger	Survived	Pclass	Name	Sex	Age	SibSp	Parch	Ticket	Fare	Cabin	Embarked
1	0	3	Braund,	male	22	1	0	A/5 2117	7.25		S
2	1	1	Cumings,	female	38	1	0	PC 17599	71.2833	C85	C
3	1	3	Heikkinen	female	26	0	0	STON/O2.	7.925		S
4	1	1	Futrelle,	female	35	1	0	113803	53.1	C123	S
5	0	3	Allen, M	male	35	0	0	373450	8.05		S
6	0	3	Moran, M	male		0	0	330877	8.4583		Q
7	0	1	McCarthy,	male	54	0	0	17463	51.8625	E46	S
8	0	3	Palsson,	male	2	3	1	349909	21.075		S
9	1	3	Johnson,	female	27	0	2	347742	11.1333		S
10	1	2	Nasser,	female	14	1	0	237736	30.0708		C

图 5-2-2　Titanic 原始表格中的缺失现象

例 5-2-1(a)　对 Titanic 数据集的缺失丢弃处理——行丢弃。

```
my_fil_data1 = my_data.dropna(axis = 0)
my_fil_data1.head(7)
```

	PassengerId	Survived	Pclass	Name	Sex	Age	SibSp	Parch	Ticket	Fare	Cabin	Embarked
1	2	1	1	Cumings, Mrs. John Bradley (Florence Briggs Th...	female	38.0	1	0	PC 17599	71.2833	C85	C
3	4	1	1	Futrelle, Mrs. Jacques Heath (Lily May Peel)	female	35.0	1	0	113803	53.1000	C123	S
6	7	0	1	McCarthy, Mr. Timothy J	male	54.0	0	0	17463	51.8625	E46	S
10	11	1	3	Sandstrom, Miss. Marguerite Rut	female	4.0	1	1	PP 9549	16.7000	G6	S
11	12	1	1	Bonnell, Miss. Elizabeth	female	58.0	0	0	113783	26.5500	C103	S
21	22	1	2	Beesley, Mr. Lawrence	male	34.0	0	0	248698	13.0000	D56	S
23	24	1	1	Sloper, Mr. William Thompson	male	28.0	0	0	113788	35.5000	A6	S

例 5-2-1(b)　对 Titanic 数据集的缺失丢弃处理——列丢弃。

```
my_fil_data2 = my_data.dropna(axis = 1)
my_fil_data2.head(7)
```

	PassengerId	Survived	Pclass	Name	Sex	SibSp	Parch	Ticket	Fare
0	1	0	3	Braund, Mr. Owen Harris	male	1	0	A/5 21171	7.2500
1	2	1	1	Cumings, Mrs. John Bradley (Florence Briggs Th...	female	1	0	PC 17599	71.2833
2	3	1	3	Heikkinen, Miss. Laina	female	0	0	STON/O2. 3101282	7.9250
3	4	1	1	Futrelle, Mrs. Jacques Heath (Lily May Peel)	female	1	0	113803	53.1000
4	5	0	3	Allen, Mr. William Henry	male	0	0	373450	8.0500
5	6	0	3	Moran, Mr. James	male	0	0	330877	8.4583
6	7	0	1	McCarthy, Mr. Timothy J	male	0	0	17463	51.8625

　　如例 5-2-1 的代码所示,当我们对 dropna 函数指定参数 axis=0 时,返回的数据则丢弃了所有包含 NaN 的行,可以看到,处理后数据中的乘客编号(Passengerid)不再连续,有些数据行(乘客)被直接丢掉了;当指定参数 axis=1 时,返回的数据则丢掉了所有包含 NaN 的列,可以看到,处理后的数据已经没有年龄、舱号等存在缺失值的特征。

　　如前所述,当样本容量本身足够大,而其中有信息缺失的只占少数时,直接丢弃有缺失的数据,对样本的影响不会太大,我们尚可接受。但是,如果样本量本身就不是很大呢? 由于某项特征的数据缺失,就丢弃整行或整列数据的做法无疑会让我们进一步损失更多有效信息,所以,很多情况下,我们会采用修补的做法,也就是对缺失项进行填充。

DataFrame.fillna 方法可以对缺失项进行填充。我们可以为填充内容专门定义填充字典。

例 5-2-2(a) 对 Titanic 数据集的缺失填充处理 —— 字典填充。

```
mean_Age = int(my_data[['Age']].mean()[0])
my_dict = {'Age':mean_Age,'Cabin':'haha'}
my_fil_data3 = my_data.fillna(my_dict)
my_fil_data3.head(7)
```

	PassengerId	Survived	Pclass	Name	Sex	Age	SibSp	Parch	Ticket	Fare	Cabin	Embarked
0	1	0	3	Braund, Mr. Owen Harris	male	22.0	1	0	A/5 21171	7.2500	haha	S
1	2	1	1	Cumings, Mrs. John Bradley (Florence Briggs Th...	female	38.0	1	0	PC 17599	71.2833	C85	C
2	3	1	3	Heikkinen, Miss. Laina	female	26.0	0	0	STON/O2. 3101282	7.9250	haha	S
3	4	1	1	Futrelle, Mrs. Jacques Heath (Lily May Peel)	female	35.0	1	0	113803	53.1000	C123	S
4	5	0	3	Allen, Mr. William Henry	male	35.0	0	0	373450	8.0500	haha	S
5	6	0	3	Moran, Mr. James	male	29.0	0	0	330877	8.4583	haha	Q
6	7	0	1	McCarthy, Mr. Timothy J	male	54.0	0	0	17463	51.8625	E46	S

在例 5-2-2(a)的代码中,我们专门定义了一个名为 my_dict 的字典,以此来规定针对不同的列(特征),用不同的值填充。比如,对"年龄",我们用所有样本年龄的平均值来填充;对于"舱号",用指定的字符"haha"来填充。运行代码后可以看到,填充后的表格数据,在原来年龄缺失的地方(表格第 6 行)有了数值 29.0,这其实是所有样本的平均年龄,而舱号所在的列也出现了很多新的字符串"haha",这正是我们在替代字典 my_dict 中所指定的。

如果我们并不想用固定的值来填充缺失项,fillna 还提供用邻近值来填充的选择。

例 5-2-2(b) 对 Titanic 数据集的缺失填充处理——邻近值填充。

```
my_fil_data4 = my_data.fillna(method = 'ffill')
my_fil_data4.head(7)
```

	PassengerId	Survived	Pclass	Name	Sex	Age	SibSp	Parch	Ticket	Fare	Cabin	Embarked
0	1	0	3	Braund, Mr. Owen Harris	male	22.0	1	0	A/5 21171	7.2500	NaN	S
1	2	1	1	Cumings, Mrs. John Bradley (Florence Briggs Th...	female	38.0	1	0	PC 17599	71.2833	C85	C
2	3	1	3	Heikkinen, Miss. Laina	female	26.0	0	0	STON/O2. 3101282	7.9250	C85	S
3	4	1	1	Futrelle, Mrs. Jacques Heath (Lily May Peel)	female	35.0	1	0	113803	53.1000	C123	S
4	5	0	3	Allen, Mr. William Henry	male	35.0	0	0	373450	8.0500	C123	S
5	6	0	3	Moran, Mr. James	male	35.0	0	0	330877	8.4583	C123	Q
6	7	0	1	McCarthy, Mr. Timothy J	male	54.0	0	0	17463	51.8625	E46	S

当我们设置 fillna 中参数 method = ffill,程序会用缺失值之前最邻近的有效值来填充,如例 5-2-2(b)所示,可以看到填充后的表格其第 6 行,原本缺失的年龄用之前一行的年龄 35 来填充了;"舱号"所在列,除了第 1 行仍为 NaN 外,其他原本有缺失的行都有了与其前数据相同的取值。

而当设置 fillna 中参数 method = bfill 时,则是用缺失值之后最邻近的有效值来填充,读者不妨自己试一下。

注意:需要清醒地认识到,对于随机缺失,无论我们采取哪种缺失值填充,都不能还原本来因数据缺失而丢失的信息。但是,通过对缺失值的填充,我们可以将原本不完整数据行中的其他信息利用起来,从而避免了有效信息的进一步损失。所以缺失值填充是一种止损手段,而不是加分手段。那么在选择具体的填充内容或方法时,只要不严重偏离样本原来的性质就可以了。

此外,现在的模型其实也大多支持直接的缺失值输入,亦即不丢弃、不填充,直接将 NaN 当作一种特征取值。其实对于非随机性缺失,直接保留 NaN 常常是一种很有效的做法,因为此时缺失这个现象本身就有一定内涵,是包含了一定信息的。

5.2.2 异常处理

除了内容缺失外,数据还有可能混杂了噪声、干扰,甚至有可能根本就是错误的。对于这样的坏数据,我们也必须在建模之前就将其甄别出来并给予相应的处理。对于信号的去噪、去干扰技术,其本身就构成了一个内涵丰富的信号处理领域,本书中不做介绍。本节利用基本的统计学方法,对一些异常处理常用手段做相关介绍,主要包括:结合特征实际意义和有效值范围的判断、基于正态分布 z-score 的判断,以及无正态分布约束的四分位距(Interquartile Range,IQR)判断。

关于错误数据的甄别,首先要基于数据的实际意义,利用常识或专业领域知识进行判断。例如年龄不可能为负数,也一般不会有超过 100 的数,船费也不可能为负数,等等。我们通常会为每个特征基于其实际意义,定义一个有效的取值范围,超出范围就会判定数据是错误数据,并予以丢弃或修正,修正的方式,可以参考之前缺失值填充的做法。

然后,我们会基于统计学特征做进一步判断,一般又分为两种情况:数据服从正态分布的情况,以及数据不服从正态分布的情况。

如果先验知识告诉我们数据服从正态分布,我们还可以结合统计学中的 z-score 进行异常值判别。z-score 的定义如下:

$$z = \frac{x - \bar{x}}{s} \tag{5-2-1}$$

式中,$\bar{x}$ 为统计均值;$s = \sqrt{\dfrac{1}{N-1}\sum_{i=1}^{N}(x_i - \bar{x})^2}$ 为样本集的标准差。可以看出,z-score 其实质是以标准差为单位衡量的个体偏离统计均值的程度。结合正态分布,可以快速查出样本落入偏离均值 3 倍标准差以外的概率是非常小的(约为 0.0026),因此我们一般认为 z-score 绝对值大于 3 时,数据就可怀疑为异常。z-score 是个无量纲的数,因而不受数据本身的单位和取值范围的影响。

如果不能肯定数据是否服从正态分布,则可以用四分位距作为异常值的判断标准。四分位距是借助四分位数来定义的。假设样本容量为 N,将所有样本按所考察特征(数值型的)的取值从小到大排列,排序其中 $N \times \dfrac{1}{4}$,$N \times \dfrac{2}{4}$,$N \times \dfrac{3}{4}$ 的特征值就分别称为第 1、第 2、第 3 个四分位数。所谓四分位距,是指第 3 个四分位数(记为 q_3)和第 1 个四分位数(记为 q_1)之间的差距,即 IQR$=q_3 - q_1$。特征在某个个体上的取值小于该特征的 $q_1 - 1.5 \times$ IQR 或大于 $q_3 + 1.5 \times$ IQR 的样本,被认为是异常值;而小于 $q_1 - 3 \times$ IQR 或大于 $q_3 + 3 \times$

IQR 的样本,则被认为是极端异常值,异常值或极端异常值又常被称为离群值(outlier)。

对于按上述方法判断为异常的值,如果确定是出错的数据,则丢弃和替换都是可以的;但是如果不能肯定是错误,则最好增加样本容量,既能确保样本尽量真实反映总体,同时又能减小异常值对于最终分析结果的影响。

5.2.3 冗余处理

所谓数据有冗余,是指数据中含有重复信息。冗余信息让我们在存储和计算中消耗更多的资源,却并不能提升性能,因此最好去除。

冗余的形式可能表现为二维表格中内容完全重复的行或列。对于重复行,DataFrame 中可以用 duplicated 函数来判断,还可以用 drop_duplicates 函数直接删除重复行,或在指定列上数据重复的行。

例 5-2-3 简单重复行的去除举例。

```
import pandas as pd
student_scores = pd.DataFrame({'姓名':['张三'] * 3 + ['李四'] * 3 + ['王五'] * 3,
                               '成绩':[10,10,10,8,8,8,5,5,5]})
student_scores
```

	姓名	成绩
0	张三	10
1	张三	10
2	张三	10
3	李四	8
4	李四	8
5	李四	8
6	王五	5
7	王五	5
8	王五	5

```
student_scores.duplicated()
0    False
1     True
2     True
3    False
4     True
5     True
6    False
7     True
8     True
dtype: bool
my_fil_data5 = student_scores.drop_duplicates()
my_fil_data5
```

	姓名	成绩
0	张三	10
3	李四	8
6	王五	5

例 5-2-3 中,我们首先人为构造了一个包含重复行的二维表格(数据框),通过 duplicated 函数可以看到每行是否是重复行,在调用 drop_duplicates 函数之后,新的表格则删除了所有的重复行。

对于数据列,其冗余出现的形式会有多种可能性:简单重复、一元线性依赖和多元线性依赖。

简单重复的情况,也就是列或特征直接出现了重复,是很容易被发现和处理的,读取数据时直接通过列名称或特征名筛选即可。

我们更应该警惕的是不同特征也可能出现冗余,即特征间线性依赖的情况。例如,在贷款申请客户的数据中,有可能同时出现的"月平均收入"和"年收入",如图 5-2-3 所示。两个特征名称不同,同一样本在两列上的具体数据值也不相同。但是,年收入却始终是月平均收入的 12 倍,那么这两个特征包含的信息本质上就是重复的,应选择只保留一个。

	月平均收入	年收入
客户1		
客户2	x 12	

图 5-2-3   以贷款申请客户数据为例的非简单列冗余举例

更一般地说,如果一个特征(记为 C_2)可以通过将另一个特征(记为 C_1)线性变换得到,也就是满足

$$C_2 = kC_1 + b \qquad (5\text{-}2\text{-}2)$$

其中,k 和 b 都是常数,那么可以说 C_2 线性依赖于 C_1,这两个特征包含的是重复的信息,两者中可以去掉一个。

判断如式(5-2-2)呈简单线性关系的冗余特征的常用方法是线性相关分析。DataFrame 中有 corr 函数,当其参数 method 设置为 pearson 时可以直接用来求线性相关系数,如果两个特征的线性相关系数接近 1 或 −1,则说明两个特征存在强的线性相关或反相关,有着较大的冗余;如果等于 0,则说明两个特征间没有线性相关性。

例 5-2-4   应用 DataFrame.corr 求线性相关系数举例。

```
import pandas as pd
my_data = pd.read_csv("iris.csv", header = None, names = ['sepal_length', 'sepal_width',
        'petal_length', 'petal_width','target'])
print(my_data.corr(method = 'pearson'))
              sepal_length   sepal_width   petal_length   petal_width
sepal_length      1.000000     -0.109369       0.871754      0.817954
sepal_width      -0.109369      1.000000      -0.420516     -0.356544
petal_length      0.871754     -0.420516       1.000000      0.962757
petal_width       0.817954     -0.356544       0.962757      1.000000
```

例 5-2-4 中,我们对鸢尾花数据的 4 个特征每两个之间求相关系数,如示例代码所示。结果显示,petal_length 与 petal_width 两个特征的相关系数为 0.96,即存在着很强的正线性相关。而 sepal_length 和 sepal_width 之间则没有太大的线性关系。所以,如果

要压缩维度,可以考虑在 petal_length 和 petal_width 中只保留一个,与剩下的 sepal_length 和 sepal_width 这三个特征来作为样本的描述即可。

前述主要针对两特征间的冗余,即一个特征完全线性依赖于另一个特征。更复杂地,在某些场合,尽管某个特征不能由另一个特征完全描述,但却可以被另外几个特征的线性组合来表达,即多元线性依赖,如:

$$C_t = \sum_{i \neq t} k_i C_i + b_i \tag{5-2-3}$$

此时,我们通常不再局限于考察两两线性相关,而会直接采用主成分分析(Principle Component Analysis,PCA)的方法来进行去冗余操作。事实上,在涉及特征数目较多的情况时,用 PCA 来去冗余,常常是必要的一步。

先简单介绍一下 PCA 的原理。

以最简单的二维情况为例。假设每个样本数据以特征 C_1 的取值为 x 轴坐标,特征 C_2 的取值为 y 轴坐标,描记为 $x\text{-}y$ 平面上的点,如图 5-2-4 中的蓝色点,图中比较明显地呈现出样本的 y 与 x 之间有相互依赖关系。此时当然可以采取直接丢掉一个特征(譬如 y 轴代表的 C_2 特征)的处理方法来去冗余,但更常用的方法是,将现在的坐标系进行旋转,例如将 x 轴旋转到红色的 x' 轴方向,相应

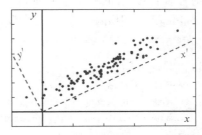

图 5-2-4 二维情况下的 PCA 示意图

地 y 轴则旋转至图中红色的 y' 轴方向。轴 x'、y' 的方向要如何确定呢?PCA 中采取的原则是:x' 的方向的选择,要使得数据集在其上的投影具备最大的方差。二维情况下,x' 的方向找到了,y' 也就找到了,即与 x' 垂直的方向。

接下来,我们有这样一个假设:在 x' 方向上,由于数据集在该方向的投影方差最大,所以最大程度地保存了原始数据的信息;在 y' 方向上,数据集在该方向的投影最小(因为数据的总方差是一定的,x' 方向上方差最大了,剩下的 y' 方向上方差就只能最小了),很有可能只是一些随机扰动,或者对于数据本质不重要的信息。基于这样的假设,我们可以选择保留原始数据在 x' 方向上(不妨称为主方向)的投影(坐标),并称其为主成分(Principle Component),同时忽略掉数据在 y' 方向(可称为次方向)上的波动,这样就实现了用一个主成分来描述原本用 C_1、C_2 两个特征描述的数据。

推广到 n 维,在找到第一个主方向后,将数据中的主成分(记为 PC_1)去掉,在剩下的部分中寻找与第一个主方向垂直,且其上投影方差最大的方向,即第二主方向,并以数据在第二主方向上的投影为第二主成分(记为 PC_2);类似的操作可以一直进行下去,获得第三主成分(PC_3)、第四主成分(PC_4)、……直到剩下的方差残余足够小,或者已分解得到了 n 个方向,无可再分。随着分解的逐次进行,原始数据集在各分解方向上的投影方差也逐步减小,即满足

$$\mathrm{Var}(\mathrm{PC}_1) > \mathrm{Var}(\mathrm{PC}_2) > \mathrm{Var}(\mathrm{PC}_3) > \cdots > \mathrm{Var}(\mathrm{PC}_k) > \varepsilon$$
$$\geqslant \mathrm{Var}(\mathrm{PC}_{k+1}) > \cdots > \mathrm{Var}(\mathrm{PC}_m)$$

其中，$m \leqslant n$，ε 是我们设定的一个阈值。如果我们认为投影方差小于 ε 的那些方向上的分量都不重要或者是扰动造成(可以转而称呼它们为次成分(Minor Components))，从而只保留 $\mathrm{Var}(\mathrm{PC}_i) > \varepsilon$ 的前 k 个主成分，这就是主成分分析。

主成分分析将原始含冗余的 n 个特征去冗余，形成了更少的 k 个特征。如何理解这里的"去冗余"呢？从线性代数的角度来看，忽略投影方差足够小的次成分，相当于原始数据构成的矩阵不满秩，亦即原有的 n 个维度(特征)间不是线性无关的，有的特征能被其他特征的线性组合来表示，这正是"冗余"的意思。

主成分分析被广泛应用于数据预处理，我们可以理解为去冗余或降维，这对于特征繁多时避免维数灾难具有重要意义。同时，PCA 也可以从另一个角度来理解为一种特征提取：我们获得的主成分往往不是原来的某一个单一特征，而是由多个特征线性组合而来的复合特征，在这一复合特征的描述下，数据体现出比原来在单一特征上更大的方差。

sklearn 库中 decomposition 模块有 PCA 对象可用来做主成分分析。

例 5-2-5　PCA 应用举例。

```python
import numpy as np
from sklearn import datasets
from sklearn.decomposition import PCA
from matplotlib import pyplot as plt

my_iris = datasets.load_iris()
print(type(my_iris.data))

my_pca = PCA(n_components = 0.95)
post_proc = my_pca.fit_transform(my_iris.data)
print('原始数据的尺寸是: ',my_iris.data.shape,
        '\n 即包含',my_iris.data.shape[1],'维特征度\n')
print('PCA 后留下的主成分数据尺寸是: ',post_proc.shape,
        '\n 即满足要求的主成分维度为: ',post_proc.shape[1],'\n')
print('PC1 所占总方差的比例为: ',my_pca.explained_variance_ratio_[0])
print('PC2 所占总方差的比例为: ',my_pca.explained_variance_ratio_[1])
print('两个主成分所占总方差的比例为: ',my_pca.explained_variance_ratio_.sum())
print('两个主方向矢量为: ')
print(my_pca.components_)
plt.scatter(post_proc[:,0],post_proc[:,1],c = my_iris.target)
plt.gca().set_xlabel('PC1')
plt.gca().set_ylabel('PC2')
plt.show
```

```
<class 'numpy.ndarray'>
原始数据的尺寸是: (150, 4)
即包含 4 维特征度

PCA后留下的主成分数据尺寸是: (150, 2)
即满足要求的主成分维度为: 2

PC1所占总方差的比例为: 0.9246187232017271
```

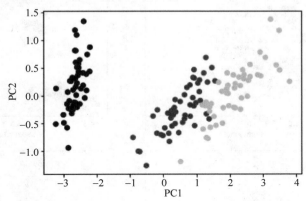

PC2所占总方差的比例为： 0.053066483117067825
两个主成分所占总方差的比例为： 0.977685206318795
两个主方向矢量为：
[[0.36138659 -0.08452251 0.85667061 0.3582892]
 [0.65658877 0.73016143 -0.17337266 -0.07548102]]

例 5-2-5 中，我们尝试对 sklearn 库 datasets 中自带的鸢尾花数据进行了 PCA。具体是先生成一个名为 my_pca 的 PCA 对象实例，其中设置参数 n_ components＝0.95，意为只保留投影方差累积刚超过总体 95％的前 k 个分量。当然，也可以把 n_ components 直接设置为想保留的主成分的个数。然后，调用 PCA 对象中内置的 fit_transform 函数对数据进行主成分分解，并将数据在主方向上的投影，亦即主分量，返回到我们命名为 post_proc 的数组中。我们检查一下处理前的数据和处理后的数据尺寸，输出区结果显示，原始数据包含 4 个特征，而执行 PCA 后只保留两个主分量了，即特征维度从 4 降为 2。程序中又接着检查了主分量的方差，在 PCA 的属性 explained_variance_ratio_ 中，输出区结果显示第 1 主分量方差占总方差的约 92％，第 2 主分量方差占总方差的约 5％，两者之和正好超过我们在 n_ components 设置的 0.95，这也解释了为什么返回的主分量正好是两维，而非其他数目。我们新的坐标轴，即两个主方向（由原始坐标系下的 4 维矢量表示）则保存在 PCA 的属性 components_ 中。例程序的最后，我们以 PC$_1$、PC$_2$ 分别为坐标，画出了 150 个鸢尾花数据在新坐标系下的散点图。可以将输出区的结果图与后面的图 5-2-5（即以鸢尾花原始 4 个特征两两配对画出的共计 6 幅图）做对比。可以看到，基于 PC$_1$、PC$_2$ 的散点图与图 5-2-5 中任何一幅都不相同。这是因为 PC$_1$、PC$_2$ 已经不是任何一个单一特征，而是 4 个原始特征的某种线性组合，而且，在 PC$_1$ 上，150 个数据能获得最大的方差。

经过 PCA 去除冗余后，我们就可以把返回的 k 维主分量数据直接作为新的（复合）特征，送给后续的模型进行处理了。

本节主要介绍了缺失处理、异常处理和冗余处理几种基本的预处理方法，对于其中涉及的一些专业名词（如正态分布、四分位数、散点图等）并未深入解释，在接下来的描述性统计中将给出更详细的介绍。

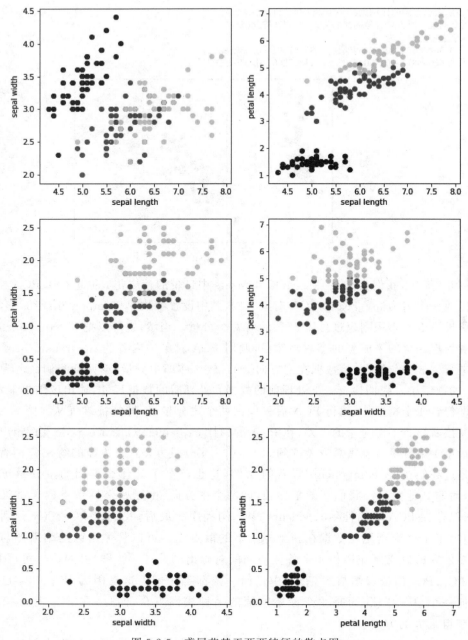

图 5-2-5　鸢尾花基于两两特征的散点图

5.3　描述性统计

在对数据进行了基本的预处理之后，就可以进一步分析了。在 EDA 中，我们主要对数据进行描述性统计，包括位置性测度、离散性测度的计算，以及图形化描述。其中位置性测度和离散性测度都只能针对数值型数据计算,图形化描述则既有适用于数值型数据的,也有适用于非数值型数据的。

5.3.1 位置性测度

常用的位置性测度有算术平均、中位数、p 百分位数、众数等。

算术平均是对所有考察的样本值求统计平均,即

$$\bar{x} = \frac{1}{n} \sum_{i=1}^{n} x_i \qquad (5\text{-}3\text{-}1)$$

算术平均是最常用的统计量,但是容易受样本中极端值的影响。

例 5-3-1 算术平均计算举例。

10 个样本的某数值型特征分别为:2、3、1、2.5、3.3、4、4.5、2、3、100,其算术平均 $\bar{x} = \frac{1}{n} \sum_{i=1}^{n} x_i = \frac{2+3+1+2.5+3.3+4+4.5+2+3+100}{n} = 12.53$。

例 5-3-1 中的 10 个样本,有 9 个都处于 1～5 之间,但第 10 个取值为 100(极端值),则它们的统计平均值会大大高于前 9 个样本的真实水平。这也是每年各地统计局发布年度薪酬数据时,很多人感觉自己"被加薪"的原因之一。

中位数是将所有样本按数值从小到大或从大到小排序以后,最中间位置的一个数(当样本容量为奇数时),或者两个数的平均(当样本容量为偶数时)。

例 5-3-2(a) 中位数计算举例。

10 个样本的某数值型特征分别为:2、3、1、2.5、3.3、4、4.5、2、3、100,对其从小到大排序为:1、2、2、2.5、3、3、3.3、4、4.5、100,其最中间是排序第 5、6 的两个数,即 3、3,两数平均值也为 3,所以这 10 个样本在该特征的中位数为 3。

中位数对极端值不敏感,但是对于中位数以外的所有值也都不敏感。

例 5-3-2(b) 中位数局限举例。

10 个样本的某数值型特征对其从小到大排序为:−10、−10、−10、−5、3、3、7、8、9、10,其最中间是排序第 5、6 的两个数,即 3、3,两数平均值也为 3,所以这 10 个样本在该特征的中位数为 3。

例 5-3-2(b)中,我们把除了正中间的数以外其他数值全修改了,整个集合变化很大,但中位数却并没有改变。可见,只考察中位数也是不够的。更细致地,可考察第 p 百分位数。

第 p 百分位数,是将所有样本值按从小到大的顺序排好,排序在第 $p\%$ 的样本取值。如果将第 p 百分位数记为 V_p,那么样本中有且仅有 $p\%$ 的样本观察值小于或等于 V_p。常用的 p 百分位数有第 10 百分位数、第 25 百分位数(又分别称为第 1 四分位数)、第 75 百分位数(又称第 3 四分位数)、第 90 百分位数,等等。其实中位数就是第 50 百分位数。当样本容量足够大以后,第 p 百分位数是相对稳定的,并且不会受样本容量的影响。

众数是指样本集中出现次数最多的那个值。一个样本集中,众数可能只有一个,此

时可称数据是单峰分布;也可能出现两个甚至更多的众数,此时可称数据为双峰/多峰分布。尽管对数值型特征可以求众数,但对于在连续区间上取值的浮点数求众数通常意义不大,因为在理论的无限精度下,样本浮点型观测值完全相等的情况是很少的,反而是对非连续取值,甚至是类别型数据,求众数要更具现实意义。

Pandas 的数据框结构中提供现成的函数,可以很方便地求取各种位置性测度。

例 5-3-3 Pandas 数据框求位置性测度举例。

```
import pandas as pd
import numpy as np
my_data = pd.read_csv("Titanic.csv")
print('对 Fare 的位置性测度统计结果: ')
print('均值: \t\t',my_data[['Fare']].mean()[0])
print('中位数: \t',my_data[['Fare']].median()[0])
print('第 25 百分位数: ',my_data[['Fare']].quantile(q = 0.25)[0])
print('众数: \t\t',my_data[['Fare']].mode().values[0,0])
对Fare的位置性测度统计结果:
均值:            32.204207968574636
中位数:     14.4542
第25百分位数:     7.9104
众数:            8.05
```

如例 5-3-3 所示,对于我们之前看过的 Titanic 数据,其中明确是数值数据的"船费",我们来试着求均值等统计量。read_csv 命令读入的 my_data 是一个 DataFrame 结构,我们对 my_data 进行切取,取出其中的"船费"列,注意这里使用两重中括号形式的切取,返回依然是 DataFrame 结构。所以,可以就用 DataFrame 结构中封装的 mean、median、quantile、和 mode 函数。其中 quantile 函数需指定参数 q,q 取值 0~1,代表要求的具体百分位数,例如这里设置 $q = 0.25$,就是求第 25 百分位数了。这里,mean、median、quantile 返回的都是 Pandas 的 series 序列结构,可以直接用方括号加序号来访问;而 mode 返回的是 DataFrame 结构,要获取其中的值,可读取 values 属性,values 本身是 ndarray 结构,所以用访问二维数组的方式来访问。运行一下代码,可以看到 cell 下的输出区显示出了对 Fare 的统计结果。

位置性测度主要用来反映样本集合的中心成员或特定成员在所考察的数域或空间中的位置。但是显然,样本集作为一个集合,只靠少数成员来描述其位置是不够的,众多成员相对于这些特定位置是集中还是分散,也是数据集的重要特征。所以,同时还要关注所谓的离散性测度。

5.3.2　离散性测度

常用的离散性测度有极差、方差或标准差、变异系数等。

极差是指集合中最大值与最小值之间的差异。显然极差只由分处两端的值决定,因此对极端值非常敏感。

方差是对集合中所有样本值相对于均值的偏差的平方求近似平均,常记为 Var,方差

的平方根称为标准差，常用符号 s 表示。即

$$\mathrm{Var} = \frac{\sum\limits_{i=1}^{n}(x_i - \bar{x})^2}{n-1}, \quad s = \sqrt{\mathrm{Var}} \tag{5-3-2}$$

方差与标准差可以总体衡量集合中数据偏离均值的程度，而且标准差与数据量纲相同。一般而言，方差或标准差越大，代表样本的离散性或样本间差异性越大。

但是，在不同的物理量之间，方差或标准差是不好直接拿来做比较的，因为不同的物理量单位不同，其常规取值的数量级也可能不同。为消除物理量自身单位（量纲）的影响，还会引入一个变异系数的概念。

变异系数是标准差除以均值再乘以 100%，即

$$\mathrm{CV} = \frac{s}{\bar{x}} \times 100\% \tag{5-3-3}$$

可见，变异系数是一个无量纲或者说无单位的数，能尽量消除量纲及均值的绝对位置带来的影响。

我们可以在例 5-3-3 的基础上，来试试利用 DataFrame 的封装函数计算船费的离散性测度。

例 5-3-4 Pandas 数据框求离散性测度举例。

```
print('对 Fare 的离散性测度统计结果：')
print('变化范围：\t [', my_data[['Fare']].min()[0], '\t', my_data[['Fare']].max()[0], ']')
print('极差：\t\t',my_data[['Fare']].max()[0] - my_data[['Fare']].min()[0])
print('方差：\t\t',my_data[['Fare']].var()[0])
print('标准差：\t',my_data[['Fare']].std()[0])
print('变异系数：\t',my_data[['Fare']].std()[0]/my_data[['Fare']].mean()[0])
```
对**Fare**的离散性测度统计结果：
变化范围：　　　　[0.0　　512.3292]
极差：　　　　512.3292
方差：　　　　2469.436845743116
标准差：　49.6934285971809
变异系数：　1.5430725278408497
```
my_data.describe()
```

	PassengerId	Survived	Pclass	Age	SibSp	Parch	Fare
count	891.000000	891.000000	891.000000	714.000000	891.000000	891.000000	891.000000
mean	446.000000	0.383838	2.308642	29.699118	0.523008	0.381594	32.204208
std	257.353842	0.486592	0.836071	14.526497	1.102743	0.806057	49.693429
min	1.000000	0.000000	1.000000	0.420000	0.000000	0.000000	0.000000
25%	223.500000	0.000000	2.000000	20.125000	0.000000	0.000000	7.910400
50%	446.000000	0.000000	3.000000	28.000000	0.000000	0.000000	14.454200
75%	668.500000	1.000000	3.000000	38.000000	1.000000	0.000000	31.000000
max	891.000000	1.000000	3.000000	80.000000	8.000000	6.000000	512.329200

DataFrame 没有封装专门的极差函数，但是我们可以通过其求最大、最小值的 max 和 min 两个函数计算获得。var 函数和 std 函数则可直接用来求方差和标准差，变异系

数没有对应函数,但我们用 std 除以 mean 就可以得到了。

DataFrame 中还有一个好用的 describe 函数,可以对 DataFrame 中所有用数值保存的特征(无论是整数还是浮点数),一次性计算多个常用的描述性统计量,包括前面介绍的均值、标准差、百分位数等;此外,还会对该列所有非空元素计数并将结果返回在 count 行中。

5.3.3 图形化描述统计

除了采用前述的统计量,我们还可以用图形化的方式(例如直方图、箱型图等)来对数据进行更为细致、直观的观察。

直方图是一种反映数据分布的柱状统计图。做直方图时,我们通常先对数据进行分组,将不同的组对应于画到不同的 x 轴位置的条柱,然后,将落入各组内的样本个数作为条柱的高度 y。

在前面代码的基础上,仍以 Titanic 数据中的船费特征为例做直方图,可以直接使用 Dataframe.hist 函数。

例 5-3-5 直方图绘制举例。

```
my_data[['Fare']].hist(bins = 40,figsize = (18,5),xlabelsize = 16,ylabelsize = 16)
```

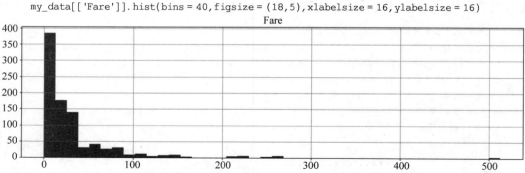

指定参数 bins=40,代表着我们将船费的取值范围(0~513)分成了均等的 40 个区间,例如第 1 个区间是 0 到大约 12.8,第 2 个区间是 12.8 到大约 25.6,依此类推。绘制直方图时,船费落入同一个区间的样本会被作为同一个组,然后,对每一组统计其中的样本个数,作为对应位置上条柱的高度画出来。从结果图上来看,尽管最贵的船费是约 513 元,可能是总统套房的价格,但是大部分人的船费其实并未超过 25.6 元,并且买最便宜船票(落入第一组),也就是船费 0~12.8 区间的人在 40 个分组里面是最多的。

箱型图是另一种刻画分布的常用图形化方法(图 5-3-1)。箱型图中,并不像直方图中画出所有样本,而是通过几个重要的百分位数来界定数据的主要分布。

如图 5-3-1 所示,箱型图中箱子的下、上边缘分别由第 1 四分位数 q_1 和第 3 四分位数 q_3 来决定,箱子中的线则代表中位数。箱子的高度 a_3-q_1,暂记为 Δ,就是常说的四分位距(IQR)。箱子两端伸出的虚线用来刻画数据的极差,向下延伸到数据集中大于等于 $q_1-1.5\Delta$ 的所有数据中的最小值,以下边缘线作为结束;向上延伸到数据集中小于

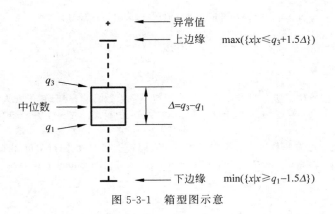

图 5-3-1 箱型图示意

或等于 $q_3 + 1.5\Delta$ 的所有数据中的最大值，以上边缘线作为结束。超出上、下边缘线的数据，被当作异常值，或称为离群点（outlier）。

例 5-3-6 箱型图绘制举例。

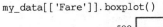

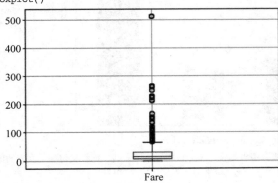

例 5-3-6 中，我们依然针对船费用 DataFrame 的 boxplot 函数画出其箱型图。由结果图可以看到，由于船费的分布严重偏歪，所以上边缘线之外有很多离群点。这与我们之前看到的统计量和直方图所反映的信息是一致的。

迄今，我们都是在介绍对数值型特征的图形化描述统计。其实图形化描述不仅仅限于数值型特征分析，对非数值型特征也是适用的。具体如何分析呢？

非数值型的特征，我们主要应用来分组，分组后，可以对各组进行频次统计，绘制与直方图类似的柱状图；还可以基于分组，对其他的数值型特征进行更为细致的分组统计。

例 5-3-7 利用非数值型数据分组绘图举例。

```
# 查看数据在不同舱位等级分组的分布
import pandas as pd

my_data = pd.read_csv("Titanic.csv")
```

```
my_plot_data = my_data[['Pclass']].groupby(['Pclass']).size()
print(my_plot_data)
my_plot_data.plot(kind = 'bar')

# 分组统计
print('表 1. 按舱位等级分组求船费、年龄、同行平辈人数、同行父母和子女人数的均值')
print(my_data[['Fare', 'Age', 'SibSp', 'Parch', 'Pclass']].groupby(['Pclass']).mean())

print('\n\n 表 2. 按舱位等级分组求船费、年龄、同行平辈人数、同行父母和子女人数的标准差')
print(my_data[['Fare', 'Age', 'SibSp', 'Parch', 'Pclass']].groupby(['Pclass']).std())
  Pclass
  1    216
  2    184
  3    491
  dtype: int64
```

```
<matplotlib.axes._subplots.AxesSubplot at 0x194437b8>
```

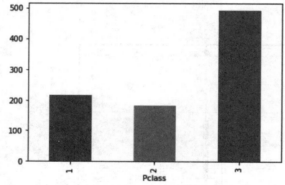

表 1. 按舱位等级分组求船费、年龄、同行平辈人数、同行父母和子女人数的均值

Pclass	Fare	Age	SibSp	Parch
1	84.154687	38.233441	0.416667	0.356481
2	20.662183	29.877630	0.402174	0.380435
3	13.675550	25.140620	0.615071	0.393075

表 2. 按舱位等级分组求船费、年龄、同行平辈人数、同行父母和子女人数的标准差

Pclass	Fare	Age	SibSp	Parch
1	78.380373	14.802856	0.611898	0.693997
2	13.417399	14.001077	0.601633	0.690963
3	11.778142	12.495398	1.374883	0.888861

在例 5-3-7 中，我们依据舱位等级的不同，利用 DataFrame 中的 groupby 函数对数据进行分组，先通过调用 groupby 返回的 DataFrameGroupBy 对象的 size 方法统计各舱位等级的样本个数，然后对 size 方法返回的 Series 对象 my_plot_data，利用其支持的 plot 方法，设置参数 kind = bar，就可以绘制出反映乘客舱位等级分布的柱状图。其中，pandas 中 Series 结构支持的 plot，其实就是 matplotlib 库中定义的 plot 方法，所以其使用方法基本一致。

　　绘图结果显示,选择三等舱的人是最多的。这种柱状图可直观反映数据在不同组上的分布,其作用与数值型特征的直方图是类似的。

　　接着,我们可以借助于舱位等级,对船费等数值化特征进行更细致的描述性统计。例如,我们对所有有量化意义的数值型特征,都根据舱位等级分组后求平均值或标准差,这只要对 groupby 返回的 DataFrameGroupBy 对象调用其 mean 函数或 std 函数即可实现。

　　其实,在数据分析中,分组是非常重要的一步。在第 3 章介绍过,对混杂因素实施匹配分组能有效避免辛普森悖论,以及在 A/B Testing 中寻找组与组之间的差异或联系。所以数据中那些非数值型的特征,尽管不具备量化意义,似乎无法进行很多统计量的计算,其实却对分析有着重要作用。我们再来看一个图形化的分组对比例子。

　　Titanic 数据集是对当年"泰坦尼克号"上的部分人员的信息记录。以前有一位学生对于 Titanic 数据中幸存者的男女性别分布产生了兴趣,想要通过数据看看情况是否与报道吻合。他是这样做的:

例 5-3-8　对 Titanic 数据集中性别分布研究举例。

```
import pandas as pd
my_data = pd.read_csv("Titanic.csv")
#借助分组、筛选的图形化描述
gender_dst_org = my_data[['Sex']].groupby(['Sex']).size()
print('数据文件中全部非空数据的性别情况')
print(gender_dst_org, '\n')
my_filter = my_data[my_data.Survived == 1]              #DataFrame 的数据筛选
gender_dst_srv = my_filter[['Sex']].groupby(['Sex']).size()
print('数据文件中幸存者的性别情况')
print(gender_dst_srv, '\n')
my_tmp = pd.concat([gender_dst_org, gender_dst_srv], axis = 1)   #数据连接,axis = 1 表示增加列
my_plot_data = my_tmp.rename(columns = {0:'Total', 1:'Survived'})   #列重命名
print(my_plot_data)
my_plot_data.plot(kind = 'bar')
```

数据文件中全部非空数据的性别情况
```
Sex
female    314
male      577
dtype: int64
```

数据文件中幸存者的性别情况
```
Sex
female    233
male      109
dtype: int64
```

```
        Total  Survived
Sex
female    314       233
male      577       109
```

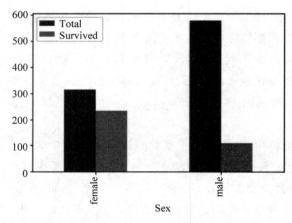

例 5-3-8 中,他首先对全部数据根据性别分组,得到了一个性别分布;然后,他专门筛选出幸存者(Survived==1)的数据,并对幸存者根据性别分组,获得了幸存者的性别分布;最后,他用柱状图将两组分布绘制在同一张图上,方便对比。这也是一个典型的利用非数值化特征进行筛选、分组,然后图形化描述的示例。

到这里,不知道读者是否注意到,一开始,对于数据的研究是在分立的维度,例如,计算船费的各种统计量;但是,当结合了非数值特征的分组以后,实际上就扩展到两个维度了,也就是开始将两个特征结合在一起考虑,例如不同舱位等级的船费,既有船费,又有舱位等级的考察;再如研究幸存者的性别分布时,除了性别本身,其实还考察了幸存与否的影响。事实上,不仅非数值型特征可以结合数值型特征做两个维度的考察,两个数值型特征也是可以结合起来考虑的,基本的图形化方法就是散点图。

二维散点图,是用样本在一个特征,例如特征 1 上的取值作为横轴,在另一个要关联考察的特征,例如特征 2 上的取值作为纵轴,这样在二维平面上确定下该样本的位置,描绘出一个样本点。所有的样本都依据同样的方法在二维平面上以点的形式绘出,如图 5-3-2 所示,这样就画出了样本集在特征 2-特征 1 平面中的二维散点图。类似地,当扩展到 3 个不同特征时,我们还可以做出三维特征空间中的散点图。借助于散点图,我们能快速直观地观察到

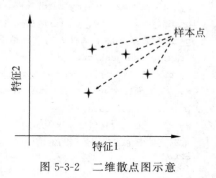

图 5-3-2　二维散点图示意

样本在两个或三个特征上的分布,以及特征两两之间有没有相互依赖的关系。

我们仍以鸢尾花数据集为例,来看一下 Python 中的散点图绘制。

例 5-3-9　散点图绘制举例。

```
import pandas as pd
my_data = pd.read_csv("iris.csv",header = None,
                      names = ['sepal_length','sepal_width','petal_length',
                               'petal_width','target'])
my_set = set(my_data['target'])          #创建一个类别名集合
```

```
my_set_list = list(my_set)                    #set 不能直接访问其元素,转换成 list 后可以访问
colors = list()
palette = {my_set_list[0]:"red",my_set_list[1]:"green",my_set_list[2]:"blue"}  #字典,给
#三种类别对应散点图中的三种 marker_color
for n,row in enumerate(my_data['target']):  #根据类别为每个样本设置绘图颜色
    colors.append(palette[my_data['target'][n]])


#对 my_data 中的数值型数据,每两个特征绘制散点图
scatterplot = pd.plotting.scatter_matrix(my_data,alpha = 0.3,
                            figsize = (10,10), diagonal = 'hist',color = colors,
                            marker = 'o',grid = True)
```

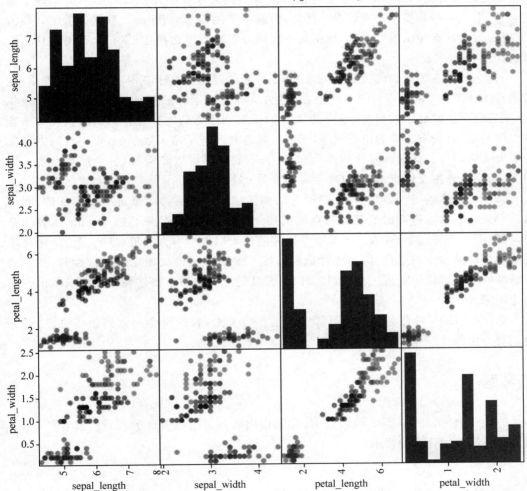

例 5-3-9 中,我们采用的是 pandas.plotting 中的 scatter_matrix 方法。这个函数可以对数据框中的所有数值型的特征,按每两个特征绘制一幅二维散点图。鸢尾花数据共有 4 个数值型特征,所以,可以绘制出 4×3 共计 12 幅两不同特征的二维散点图。大图是一个 4×4 矩阵形式,可以看到,对角线之外,就是上述 12 幅散点图。大图对角线的位

置,本来应该是以同一特征分别为横轴和纵轴坐标来画样本点,但如果那样作图,散点图会是什么样子呢?是的,会成为一条 $y=x$ 的直线,没有太多意义。所以我们通过设置 scatter_matrix 方法中的参数 diagonal＝hist 选择显示对应特征的直方图,来观察样本在单个特征上的数据分布。例 5-3-9 的示例程序中,还可以注意一下我们利用字典(自定义的字典结构对象 palette)、枚举(enumerate 函数)和 for 循环的方法为不同类别设置不同画图颜色的方法。其中 for 循环,其意义是对集合中的每一个鸢尾花样本,根据其标签的类别,赋以在字典 palette 中所指定的对应颜色。

本节主要介绍了基本的描述性统计。描述性统计不对数据做任何预先的猜想,只是实事求是地告诉我们样本数据是怎样的。而我们则需要在描述性统计结果的基础上进行思考,形成一些初步结论或假设。例如,根据本节例题中对 Titanic 数据分组统计均值的结果,你有什么想法吗?再如,根据其中性别分布的图形化描述,你有没有得出什么初步的结论?

有读者说,头等舱的船费高于二等舱,二等舱的船费又高于三等舱;还有读者说,随着舱位等级变化,乘客的平均年龄也在变化,头等舱的乘客最年长,三等舱的乘客最年轻,二等舱则正好处于前两者之间;更眼尖的读者则注意到,三等舱的乘客,相较头等舱和二等舱乘客,会有更多的出行同伴,二等舱乘客的同行平辈人数最少,头等舱的同行父母子女人数最少。而根据对性别的分布对比,我们似乎可以非常肯定,全部数据中男性更多,而幸存者中女性更多,所以逃生时确实是女士优先的。

真的是这样的吗?事实上,上述所有的初步结论都是需要后续进一步验证的,因为这些都是我们从现有数据上获得的直接描述。但是,现有数据并不是 Titanic 乘客的全体,当年船上有超过 2000 人。那么这些描述能代表船上所有人的情况吗?其实,用样本的统计量反映总体的过程,称为统计推断。统计推断都要经过相应的统计检验,我们会在后续的统计建模中做进一步介绍。现在,暂且先记下你对于描述性统计结果做出的初步论断吧。

到这里,EDA 的任务就基本可算完成了。接下来,我们将会进入到建模阶段,首先我们会介绍统计学建模的方法。

思考题

5-1　针对例 5-3-9 得出的散点图,你能提出哪些后续供验证的假设?或者说,你获得了进一步要做什么的提示?

第

6 章

建模与性能评价

EDA 让我们获得了对数据的初步认识,如果数据还存在问题,则还需要进一步补充数据,达到要求后,就可以进入建模阶段了。

本章将介绍基本的常用模型(包括统计模型、回归模型、贝叶斯模型、决策树等)以及模型的性能评价,最后将探讨偏差-方差权衡、集成学习等深入话题。

接着第 5 章的描述性统计结果,我们从传统的统计建模开始。

6.1　统计建模

EDA 中的描述性统计只是对样本的客观描述,很显然,对样本的描述并不是最终目的,考察样本是为了获得对潜在总体的认识。所以,统计学建模,实质上就是一个由已知样本去推断潜在总体的过程,或者叫统计推断。统计推断主要包括参数估计和假设检验两大类,而无论哪一类,都需要基于一定的概率分布前提来进行。

6.1.1　常见的概率密度函数

统计推断离不开各种分布,也就是概率密度函数,所以我们需要先补充介绍几种常见的概率密度函数。

概率论中常用概率密度函数(Probability Density Function,PDF)$f(x)$来表示连续随机变量 X 落在各值附近的可能性。给定 $f(x)$后,X 的一次抽样落入某区间的概率,就等于概率密度函数 $f(x)$ 在该区间上的积分,即

$$P(a-\delta < x < a+\delta) = \int_{a-\delta}^{a+\delta} f(x)\mathrm{d}x \tag{6-1-1}$$

概率密度函数如图 6-1-1 所示。

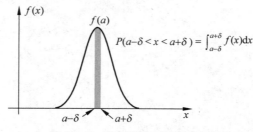

图 6-1-1　概率密度函数示意图

此外,由于描述的是概率内涵,$f(x)$ 还具有以下两个性质:

(1) 在 x 的定义域上,$f(x) \geq 0$;

(2) $\int_{-\infty}^{+\infty} f(x)\mathrm{d}x = 1$。

由概率密度函数给出的随机变量的分布特性是随机变量的重要特征,常见的有正态分布、学生 t 分布、卡方 χ^2 分布等。

正态分布,又称高斯分布,其概率密度函数为

$$f(x) = \frac{1}{\sqrt{2\pi}\sigma} \exp\left(-\frac{(x-\mu)^2}{2\sigma^2}\right) \tag{6-1-2}$$

式中，μ 代表均值，σ 代表标准差，是高斯分布的两个独立参数，因此，随机变量 X 服从正态分布常被记为 $X \sim N(\mu, \sigma^2)$。特别地，当均值为 0，标准差为 1 时，就称为标准正态分布，记作 $X \sim N(0,1)$。如图 6-1-2 所示，正态分布的函数曲线体现为一条以 $x = \mu$ 为对称轴的钟形曲线。根据函数式，可以计算出服从正态分布的随机变量落入 $\mu \pm \sigma$、$\mu \pm 2\sigma$ 和 $\mu \pm 3\sigma$ 范围内的概率分别是 68.2%、95.4% 和 99.7%，也就是说，如果已知随机变量 $X \sim N(\mu, \sigma^2)$，那么某一次随机抽样获得的 x 其值大于 $\mu + 2\sigma$ 概率只有约 2.3%，小于 $\mu - 2\sigma$ 的概率也只有约 2.3%。这种借助于概率密度函数对随机变量取值可能性的探讨正是我们在统计建模（或统计推断）中进行参数估计和假设检验的关键。

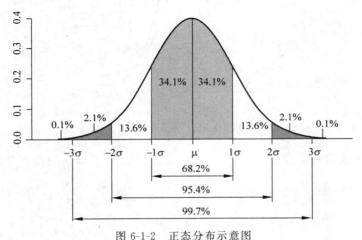

图 6-1-2　正态分布示意图

正态分布是最常用的分布，这是因为，根据中心极限定理，当样本容量足够大时，无论其原始分布是什么，独立随机样本的叠加会更趋向于服从正态分布。更特殊地，设 x_1，x_2，$\cdots$，x_n 是某一个均值为 μ、标准差为 σ 的总体的相互独立随机抽样，则当样本容量足够大（如 $n \geq 30$）时，无论潜在总体的分布是否为正态分布，都有统计平均 $\bar{x} = \frac{1}{n}\sum_{i=1}^{n} x_i$ 近似服从均值为 μ、标准差为 $\frac{\sigma}{\sqrt{n}}$ 的正态分布，即 $\overline{X} \sim N\left(\mu, \frac{\sigma^2}{n}\right)$。这正是我们通常进行均值估计的依据。不过同时我们也注意到，中心极限定理对样本容量有一定要求，即 $n \geq 30$，虽然在大数据时代这个要求容易满足，但万一达不到呢？因此，我们要介绍另一种常用分布——t 分布。

t 分布，又称学生 t 分布，其概率密度函数 $f(t)$ 形式较为复杂，这里不列出公式，仅通过函数曲线（见图 6-1-3）来定性地观察 $f(t)$ 的特点。由图 6-1-3 可见，$f(t)$ 并不是一条曲线，而是由自由度 df 参数控制的一簇曲线，而 t 分布的自由度是样本容量 $n-1$，所以也可以说 $f(t)$ 与样本容量直接相关。就曲线形态而言，$f(t)$ 在所有自由度下都是一条

关于 $t=0$ 对称的类似钟形曲线,样本容量越小,曲线越平坦;样本容量越大,则越接近正态分布。当样本容量大于 30 时,t 分布就与均值为 0、标准差为 1 的标准正态分布 $N(0,1)$ 很接近了。对于 $f(t)$ 的意义解读与所有的概率密度函数是一致的,例如图 6-1-3 中棕黄色虚线的位置 $t \approx 2.228$,其右侧的棕黄色(df=10)曲线下面积,即统计量 $t > 2.228$ 的概率,只有约 5%。

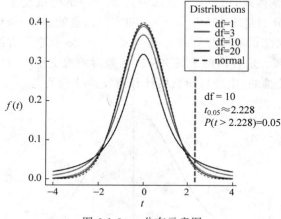

图 6-1-3 t 分布示意图

t 分布有什么用呢?假设 $x_1, x_2, \cdots, x_n$ 是对服从 $N(\mu, \sigma^2)$ 的潜在总体的 n 个独立随机抽样(σ 可以未知),并令 $s^2 = \dfrac{1}{n-1} \sum_{i=1}^{n} (x_i - \bar{x})^2$,$\bar{x} = \dfrac{1}{n} \sum_{i=1}^{n} x_i$,那么,根据

$$t = \frac{\bar{x} - \mu}{s / \sqrt{n}} \tag{6-1-3}$$

获得的统计量,即将样本的统计均值标准化后构造的 t 统计量,服从自由度 df=$n-1$ 的 t 分布。所以,当我们已知样本来源于服从正态分布的潜在总体,并已知其均值 μ 时,就可以构造 t 统计量,而最直接地,就是用来进行对小样本($n < 30$)的均值估计。

卡方(χ^2)分布的函数形式也很复杂,这里也不列出了,我们依然通过函数曲线(见图 6-1-4)来做定性了解。如图 6-1-4 所示,$f(\chi^2)$ 也是一簇由自由度 df 参数控制的曲线,随着 df 的增加,曲线的最大值逐渐向统计量 χ^2 更大的方向移动。

假设 $x_1, x_2, \cdots, x_n$ 是来源于服从标准正态分布 $N(0,1)$ 潜在总体的 n 个独立随机抽样,则统计量 $\chi^2 = \sum_{i=1}^{n} x_i^2$ 服从自由度为 n 的卡方分布。显然,当我们要考察的量呈现出平方和形式时,就可以考虑是否能构造卡方统计量了。

关于卡方分布的解读或应用,与前述几个也是类似的。例如,假设已知我们构造的卡方统计量服从 df=2 的卡方分布,那么该统计量大于 5.99 的概率只有约 5%。

统计学中的典型分布当然不止以上三种,但无论哪种分布,其概率内涵以及在统计推断中的使用方法都是基本一致的,即先根据应用前提来构造合适的统计量,然后根据统计量所服从的分布来进行相应的统计推断。其中,我们并不需要担心各种分布涉及的

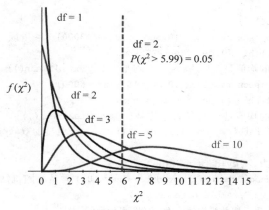

图 6-1-4　卡方分布示意图

复杂函数的计算,因为多数统计推断软件包中都包含常用分布的函数表,查表或计算的过程都是软件包自动进行的。

6.1.2　参数估计

从样本集获得的指标一般称为统计量(statistics),例如样本的算术平均(或常称为数学期望),记作 $\overline{X}$ 或 $E(X)$;标准差,记作 s;等等。潜在总体的指标一般称为参数(parameters),通常用小写的希腊字母表示,例如正态分布中的 μ(均值)和 σ(标准差)等就是参数。统计量是对样本分布特性的描述,参数是对总体分布特性的刻画。基于样本的统计量而对总体分布的参数进行估计就是参数估计。

本节介绍最基本的参数估计:均值估计与方差估计。

1. 均值估计

根据中心极限定理,来源于同一总体(假定其均值为 μ)的独立随机抽样的叠加平均(算术平均)服从均值为 μ 的正态分布,所以样本的统计均值就是总体均值的无偏估计,可记为

$$E(\overline{X}) = \mu \tag{6-1-4}$$

这正是我们做均值点估计(即直接给出均值的具体估计值)的依据。很显然,中心极限定理还给出了 $\overline{X}$ 的分布,所以,我们不仅可以做均值点估计,还可以对均值做区间估计,也就是在一个给定的置信水平 alpha 下,确定出置信区间,该区间会以 alpha 的概率包含总体均值。

我们通过数值仿真来看看应用中心极限定理进行均值估计的情况。

例 6-1-1(a)　均值点估计举例。

```
import numpy as np
import pandas as pd
from scipy import stats
```

```
np. random. seed(1234)
my_data1 = stats. poisson. rvs(loc = 10, mu = 60, size = 3000)    #生成一个规定均值的泊松分布
pd. Series(my_data1). hist(). get_figure(). show
print('第一个分布的均值是: 70,\t 统计平均是: ', my_data1. mean())
my_data2 = stats. poisson. rvs(loc = 10, mu = 15, size = 6000)
pd. Series(my_data2). hist(). get_figure(). show
print('第二个分布的均值是: 25, 统计平均是: ', my_data2. mean())
my_data = np. concatenate((my_data1, my_data2))    #一个典型的双峰分布,我们以这 9000 个数
                                                   #作为总体
print('总体的均值为: ', my_data. mean())
sample_data = np. random. choice(a = my_data, size = 100)  #从中随机抽取 100 个做样本
print('样本的均值为: ', sample_data. mean())
第一个分布的均值是: 70, 统计平均是:  69. 97966666666666
第二个分布的均值是: 25, 统计平均是:  25. 009333333333334
总体的均值为:  39. 99944444444444
样本的均值为:  39. 3
```

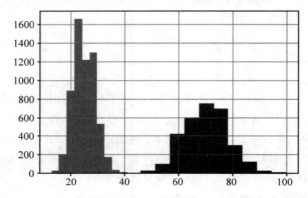

Python 中的 statistic 模块以及 SciPy 库中的 stats 模块提供了大量的统计学常用函数。中心极限定理对总体的分布没有要求,例 6-1-1(a)中,我们从两个不同均值的泊松分布中产生随机数作为数据。stats 模块中 poisson 函数的 rvs 可产生服从泊松分布的随机数,其均值由参数 loc 和参数 mu 两者之和决定,参数 size 则指定了产生随机数的个数。例 6-1-1(a)中通过指定不同的参数 mu 产生了两组随机数。随机数产生后,可以即刻验证统计均值是否与指定的参数一致。结果显示确实是一致的。接下来,我们把两组数(共 9000 个)拼在一起作为一个模拟的总体,并画出了直方图。通过输出区显示的直方图可明显看出,这个总体呈现一个双峰模式分布,而并非一个正态分布。我们从 9000 个数据的总体中随机抽取 100 个作为样本,计算统计平均 $\overline{X}$,发现与从包含 9000 个数据的总体中计算的均值虽然不完全相等,但相差不大。通常,我们用样本的统计平均 $\overline{X}$ 作为总体均值 μ 的点估计。

例 6-1-1(b) 中心极限定理验证仿真。

```
point_estimates = [ ]
for x in range(500): #500 次循环
    sample = np. random. choice(a = my_data, size = 100) #每次随机抽样 100 个样本
```

```
                point_estimates.append(sample.mean())

pd.DataFrame(point_estimates).hist(bins = 40)  #均值大致呈钟形分布
print('样本均值的均值为: ', np.array(point_estimates).mean())
样本均值的均值为:  39.95712
```

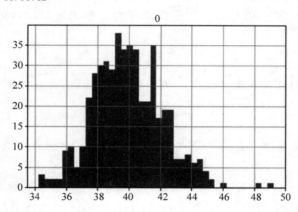

然后,我们试着将随机抽取 100 个样本的行为重复 500 次,每次都能得到一个样本的统计平均,对 500 个统计平均再求均值,发现其为 39.957 比之前的 39.3 更接近总体的均值 39.999 了,这体现的就是样本统计平均是总体均值的无偏估计(式(6-1-4))。接着,我们对这 500 次统计平均画出直方图,能看到其接近于钟形曲线,这就是中心极限定理中所说的,无论总体如何,样本的均值会趋向于正态分布。

既然样本均值依然会在一定的范围分布,对于一个给定的置信水平 alpha,比如 0.95,我们可以尝试求置信区间。

例 6-1-1(c) 均值的区间估计举例。

```
sample_size = 100
sample = np.random.choice(a = my_data, size = sample_size)
sigma = sample.std()/(sample_size) ** 0.5

stats.t.interval(alpha = 0.95,             #置信水平 confidence level
                 df = sample_size - 1,     #自由度 Degrees of freedom
                 loc = sample.mean(),
                 scale = sigma)
#返回拥有 95 % 置信水平的置信区间
(36.29263468910625, 45.26736531089375)
```

例 6-1-1(c)中我们用 stats 模块下 t.interval 函数,针对 t 分布求置信区间。正如之前在概率密度函数中介绍的,样本的统计均值按式(6-1-3)$t = \dfrac{\bar{x} - \mu}{s/\sqrt{n}}$ 标准化后构造出的 t 统计量服从 t 分布,所以只要在 t.interval 函数中设置好 alpha 参数(置信水平)、df 参数(t 分布的自由度,这里就是样本容量减 1),再给定 loc 参数(构造 t 统计量需要的样本均值)和 scale 参数(构造 t 统计量时的分母)就可以了。运行代码后获得的返回结果,则表示区间$[36.29, 45.27]$会以95%的概率包含潜在总体的均值。

例 6-1-1(c)中是借助t分布求置信区间的。其实例题中的样本容量是足够大的,所以即使不构造t统计量,而是直接利用样本均值服从正态分布来做区间估计,也是可以的。事实上,如果已知总体的标准差σ,当样本容量大于 30,或者样本容量不大于 30 但已知潜在总体服从正态分布时,都可以借助于正态分布来进行均值估计,读者不妨自己尝试一下。

2. 方差估计

假设n个随机样本来源于均值μ,方差σ^2的总体,那么由公式

$$s^2 = \frac{1}{n-1}\sum_{i=1}^{n}(x_i - \bar{x})^2 \tag{6-1-5}$$

定义的样本方差是总体方差的无偏估计,即$E(s^2) = \sigma^2$。这就是我们进行方差点估计的依据。

如果方差要做区间估计,可以怎么做呢?根据式(6-1-5),可以看出样本方差s^2的定义呈现出平方和形式。在 6.1.1 节介绍过,平方和形式的统计量有可能服从卡方分布。所以,当样本是来源于标准正态分布$N(0,1)$的独立随机抽样时,样本方差s^2,根据其定义公式(6-1-5),是$n-1$个独立随机变量的平方和,所以服从$n-1$自由度的卡方分布,从而可以借助于卡方分布来做区间估计。这里我们就不具体举例了。

当然,要特别提醒的是,卡方分布有潜在总体服从$N(0,1)$分布的前提要求。如果说潜在总体是正态分布,那么完全可以将其标准化为$N(0,1)$,只要采用公式

$$z = \frac{x - \mu}{\sigma} \tag{6-1-6}$$

或者

$$z = \frac{x - \bar{x}}{s} \tag{6-1-7}$$

即可。但是,如果潜在总体并不服从正态分布,那么就不能直接使用卡方分布进行方差的区间估计了。

6.1.3 假设检验

前一节中介绍了参数估计,但是常常我们的任务不仅是估计出总体的参数,还需要在不同的组之间做比较,例如比较测试组和对照组到底有没有差异,或者 A/B Testing 中,控制因素到底对于观察变量有没有影响。要完成这一类的任务,通常的做法是先提出一个假设,然后验证是否可以接受该假设,这就是假设检验。

假设检验中,待检验的假设一般称为零假设或空假设,常用符号H_0来表示。我们通常选择什么样的空假设呢?例如:总体的均值等于μ;测试组和对照组来源于均值相等的总体;控制因素对观察变量没有影响,A 组和 B 组数据同分布,等等。

既然是假设,那么H_0就有可能对,也有可能不对,H_0的对立面一般称为替代假设,

或备择假设,记作 H_1。例如前面所举例的 H_0,其对应的 H_1 就是:总体的均值不等于 μ;测试组和对照组来源于均值不相等的总体;控制因素对观察变量有影响,A 组与 B 组数据不同分布,等等。

H_0 和 H_1 就像跷跷板的两头,我们总是只能接受一头:要么接受 H_0,拒绝 H_1,要么反过来。那么,到底要如何决定接受哪一个呢?简单来说,还是要借助于之前介绍的各种概率分布。我们先通过一个具体例子来说明。

假设检验中最基本的一种,就是对单组样本的均值进行假设检验,例如设置 H_0,总体均值 $=\mu$;而对应的 H_1;总体均值 $\neq\mu$;即为常说的单样本双边均值检验。如果将 H_1 中的"$\neq$"换成"$>$"或者"$<$",则称为单样本单边均值检验。均值的假设检验,可以借助于 t 统计量服从的 t 分布来进行。

1. t 检验

例 6-1-2(a) 均值的单样本假设检验举例。

```python
import numpy as np
import pandas as pd
from scipy import stats
import matplotlib.pyplot as plt
from scipy.stats import t

np.random.seed(1234)
my_data1 = stats.poisson.rvs(loc = 10, mu = 60, size = 3000)
my_data2 = stats.poisson.rvs(loc = 10, mu = 15, size = 6000)
my_data = np.concatenate((my_data1, my_data2))    #以这 9000 个数作为总体

#现在根据样本,验证 H0:总体的均值是 47.5
#这是单样本双边 t 检验,one-sample t-test
print('空假设 H0 是:总体的均值是 47.5 \n')

sample_data = np.random.choice(a = my_data, size = 100) #从中随机抽取 100 个做样本

t_statistic, p_value = stats.ttest_1samp(a = sample_data, popmean = 47.5)
print('从样本构造的 t 统计量 = ', t_statistic)    #t 的绝对值越大,p 值越小,可参见下面的
t 分布图

#画一下样本容量为 100 时的 t 分布曲线
df = 100 - 1
x = np.linspace(stats.t.ppf(0.00000001, df), stats.t.ppf(0.99999999, df), 100) #ppf 函数
#是 CDF 的逆函数,用来求分位点
plt.plot(x, t.pdf(x, df))    #pdf 生成概率密度函数表
plt.plot((t_statistic, t_statistic), (-0.01, 0.4), '-.r')
str_legend = ('t distribution', 'calculated t')
plt.legend(str_legend)
plt.show()
print('p = ', p_value, '\n')
```

空假设H0是：总体的均值是47.5

从样本构造的t统计量 = -3.7405281096559153

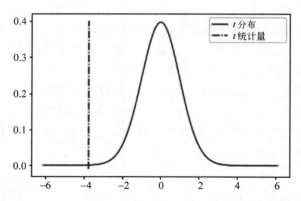

$p =$ 0.00030786517310847877

例 6-1-2(a)中，我们依然是通过服从两个泊松分布的随机数构造一个包含 9000 个数的总体。然后我们猜测，既然两个泊松分布的均值分别是 70 和 25，那两个分布结合起来，均值会是 70 和 25 的均值，即 47.5 吗？基于此猜测，设置空假设 H_0：总体均值 $\mu =$ 47.5。相应地，替代假设 H_1：总体均值 $\mu \neq 47.5$。由此，接下来我们进行单样本双边 t 检验。

假装我们只有 100 个数据构成的样本集（从总体中随机抽取 100 个数），基于这个样本集构造出的 t 统计量，服从自由度为 99 的 t 分布。scipy 库中 stats 模块的 ttest_1samp 函数可以返回 t 统计量。联立 stats 模块中的 t.ppf 函数和 t.pdf 函数，绘制出了 df＝99 的 t 分布曲线，这条曲线可以解读为：如果总体均值 $\mu＝47.5$，则其中的 100 个独立随机抽样构造出的 t 统计量会服从如曲线所示的概率分布。然后画出当前样本的 t 统计量在 t 分布曲线上所处的位置。通过输出区的图可以看到，点画线标记出来的 t 统计量位置较远地偏离了 t 分布曲线的中心。

至此，我们要如何决定是接受 H_0 还是拒绝 H_0 而接受 H_1 呢？还记得概率密度函数的意义吗？曲线下面积代表了统计量落入该区域的概率，所以哪怕是仅凭目测，都能看到 t 统计量落到现在位置的概率是很小的。其实 ttest_1samp 函数返回的另一个值 p_value 代表的就是 t 统计量落到当前位置及其对称位置以外的概率。通过输出区可以看到，这个概率只有约 0.00031。那么，你会选择接受 H_0 还是拒绝 H_0？如果问我，我会选择拒绝 H_0，即认为总体均值 $\mu \neq 47.5$，因为如果 H_0 成立，能获得当前 t 统计量的概率太小，我有理由怀疑 H_0 的正确性。但是，我的这一拒绝不保证一定正确，只不过错误拒绝的概率很小，只有约万分之三。

进一步，我们可以通过图 6-1-5 来体会一下做单样本双边 t 检验时接受或拒绝 H_0 的依据。图 6-1-5 中蓝色实线代表的是 H_0 为真时，独立随机抽样构造的 t 统计量的概率分布（t 分布），它是关于 $t＝0$ 对称的近似钟形曲线，t 统计量绝对值越大，即越偏离曲线的中心，其概率密度越小。图中的绿色区域，t 曲线下的面积显然很大（例如 0.95）；而红

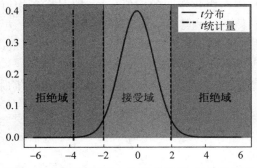

图 6-1-5　单样本双边 t 检验的接受、拒绝示意图

色区域，t 曲线下的面积（例如 0.05）则小得多。从而，当由样本构造出的 t 统计量落入绿色区域时，我们无法拒绝 H_0，而当其落入红色区域时，我们则可以选择拒绝 H_0。因此，我们可称绿色区域为接受域，红色区域为拒绝域。划分接受域与拒绝域的边界值可以由我们自己根据需求来决定，例如可以选择 t 分布的 2.5 和 97.5 两个百分位点，这意味着，整个拒绝域的曲线下面积只有 0.05，统计量落入该区域时，我们错误拒绝 H_0 的概率不超过 0.05。这个 0.05，就是我们常说的显著性水平 α。统计检验时，我们将基于样本获得的统计量与边界值比较，或者将 p 值与显著性水平 α 比较，当 $p \leqslant \alpha$ 时，就可以拒绝 H_0。

例 6-1-2（b）　接受或拒绝 H_0 举例。

```
alpha = 0.05
if p_value > 0.05:
    print('\033[1;31m 接受 \033]0m H0')
else:
    print('\033[1;31m 拒绝 \033]0m H0，即总体的均值不等于 47.5，此时错误拒绝 H0 的概率为',
p_value, '小于显著性水平')
```

拒绝　H_0，即总体的均值不等于47.5，此时错误拒绝H_0的概率为 0.00030786517310847877，小于显著性水平

根据例 6-1-2 我们知道了假设检验其实是有风险的，我们在最终决定接受 H_0 或 H_1 时，依然有犯错的可能性，即通常所说的假设检验的两类错误（表 6-1-1）：当真实情况是 H_0，而我们却拒绝 H_0 时，称为 Ⅰ 型错误；当真实情况是 H_1，而我们接受 H_0 时，称为 Ⅱ 型错误。

表 6-1-1　假设检验的两类错误

判　　定	真实性 H_0	真实性 H_1
接受 H_0		Ⅱ 型错误
拒绝 H_0	Ⅰ 型错误	

　　Ⅰ 型错误率其实就是例 6-1-2(a) 中 ttest_1samp 函数返回的 p_value，或者，推广到一般的统计检验时获得的 p 值。而显著性水平 α，则代表着我们能够接受的 Ⅰ 型错误率的上限。

接下来,我们来看一看两组数据间的均值比较,即双样本均值检验,此时一般设置空假设 H_0:两组的潜在总体均值相等($\mu_1 = \mu_2$);替代假设 H_1:两组的潜在总体均值不相等($\mu_1 \neq \mu_2$)。双样本均值检验依然可应用 t 检验,只是 t 统计量的构造需同时结合两组样本。例如:

(1) 当两组样本的潜在总体方差相等,同时样本容量也相等时,由

$$t = \frac{\overline{X}_1 - \overline{X}_2}{S_p \sqrt{\dfrac{2}{n}}} \tag{6-1-8}$$

其中,$S_p = \sqrt{\dfrac{S_{X_1}^2 + S_{X_2}^2}{2}}$,给出的 t 统计量服从自由度 $2(n-1)$ 的 t 分布,可利用 stats 模块下的 ttest_ind 函数。

(2) 当潜在总体方差相等,但两组样本容量不等时,由

$$t = \frac{\overline{X}_1 - \overline{X}_2}{S_p \sqrt{\dfrac{1}{n_1} + \dfrac{1}{n_2}}} \tag{6-1-9}$$

构造 t 统计量,其中 $S_p = \sqrt{\dfrac{(n_1-1)S_{X_1}^2 + (n_2-1)S_{X_2}^2}{n_1 + n_2 - 2}}$,$t$ 分布的自由度为 $(n_1 + n_2 - 2)$,stats 模块下的 ttest_ind 函数依然适用。

(3) 当潜在总体方差不等,但两组样本容量相等时,由

$$t = \frac{\overline{X}_1 - \overline{X}_2}{S_e} \tag{6-1-10}$$

构造 t 统计量,其中 $S_e = \sqrt{\dfrac{S_{X_1}^2 + S_{X_2}^2}{n}}$,服从自由度 $(n-1)$ 的 t 分布,可应用 stats 模块下的 ttest_rel 函数。

例 6-1-3 双样本均值检验举例。

```
import numpy as np
import pandas as pd
from scipy import stats
from scipy.stats import t
np.random.seed(1234)
my_data1 = stats.poisson.rvs(loc = 10, mu = 60, size = 3000)
my_data2 = stats.poisson.rvs(loc = 10, mu = 15, size = 6000)
my_data = np.concatenate((my_data1, my_data2))

my_sample = {}
for n in range(2):
    my_sample[n] = np.random.choice(a = my_data, size = 100)  ♯从中随机抽取 100 个做样本
    print('第', n, '组样本的均值为', my_sample[n].mean())
```

```
print('根据样本均值,能否下结论说两组样本来源的总体其均值不相等呢?')
#需进行两样本 t 检验
#H0: 两样本均值相等

alpha = 0.01      #设置显著性水平
t_statistic,p_value = stats.ttest_rel(a = my_sample[0],b = my_sample[1]) # sample size 相
#等的双样本均值比较
print('t = ',t_statistic)
print('p = ',p_value)
if p_value < = alpha:
    print('\033[1;31m 拒绝 \033[0m H0: 两样本来源的总体均值相等 ')
else:
    print('\033[1;31m 接受 \033[0m the H0: 两样本来源的总体均值相等')
```

第 0 组样本的均值为 39.3
第 1 组样本的均值为 41.14
根据样本均值,能否下结论说两组样本来源的总体均值不相等呢?

```
t = -0.5797156447793128
p = 0.5634233550606108
```
接受 the H0: 两样本来源的总体均值相等

例 6-1-3 中,我们从 9000 个数据总体中先后两次随机抽取了 100 个样本,构成组 1 和组 2。先检查一下两组各自的均值,没有悬念地,两组的均值不相等。但是,我们可以就此下结论说两组数据来源于不同均值的总体吗? 我们来检验一下。H_0 是两组样本的潜在总体均值相等,H_1 则是不相等。这里,假设我们也不知道两个潜在总体的方差是否相等,但两组样本容量是相等的,因此就可以利用 stats 模块下的 ttest_rel 函数。ttest_rel 函数也会返回 t 统计量和 p 值,我们将函数返回的 p 值(约 0.56)与设置的显著性水平比较一下,发现 p 大于我们设置的显著性水平 0.01,所以无法拒绝空假设,从而结论是两组样本尽管统计均值不一样,但其实并没有统计学的显著性差异。这个结论与真实情况是一致的,因为本来就是从同一总体中随机抽取的两组样本。

这个例子也告诉我们,分组对比时,即便不同组呈现了不同的统计量(如均值),也不代表两组的统计量之间一定具备统计学显著性差异。例如在第 5 章的描述性统计中,当时我们观察到了随着舱位等级的不同,船费、年龄、同行人数等特征的均值都呈现出组间差异,但是,这些差异哪些是显著性的,哪些不具备统计学显著性,读者不妨自行验证一下。

同时,在具体的应用中,我们也要认识到,仅比较组间均值,是很容易出现组间均值不同的,但仅凭这点就下结论说两组不一样,绝非严谨的科学态度。取而代之地,应进行相应的统计学检验,只有Ⅰ型错误率(p 值)小于显著性水平了,才能下结论说差异具备统计学显著性。

2. z 检验

以上介绍的是基于 t 分布的 t 检验。事实上,如果我们已知总体的标准差 σ,当样本容量大于 30,或者样本容量不大于 30 但已知潜在总体服从正态分布时,t 分布由正态分布替代,相应地 t 检验也就可以由 z 检验来替代。z 统计量的构造在单样本和双样本情

况下,分别为

$$z = \frac{\bar{x} - \mu}{\sigma / \sqrt{n}} \tag{6-1-11}$$

$$z = \frac{\bar{x}_1 - \bar{x}_2 - \Delta}{\sqrt{\dfrac{\sigma_1^2}{n_1} + \dfrac{\sigma_2^2}{n_2}}} \tag{6-1-12}$$

其中,Δ 代表空假设 H_0 中的 μ_1 与 μ_2 之差,当我们假设 H_0:$\mu_1 = \mu_2$ 时,$\Delta = 0$。按上述构造的 z 统计量服从标准正态分布。scipy.statsmodels 中有 ztest 函数可以进行 z 检验。

3. 卡方检验

除了关心均值外,很多场合我们还需要直接关心两组数据在某一特征上的概率分布是否一致。如果特征是类别型的,则可以直接利用卡方检验,此时通常设置空假设为 H_0:组 A 的分布与组 B(或者某个给定的)分布一致;而对应的替代假设则为 H_1:组 A 的分布与组 B(或者某个给定的)分布不一致。

例如,我们要检验在 Titanic 船难中,幸存者中是否真的是女多男少,具体要怎么做呢?首先需明确要考察的对象是什么。不难理解,这个对象是幸存者在性别特征的两个类别(即男性和女性)的分布情况。那么比较对象是什么呢?我们很容易想到,世界上男女性别比例是近似 1:1 的,所以,每个类别的概率都是 0.5,我们应该将幸存者性别分布与 0.5:0.5 来比较吗?这里,我们的比较对象到底应该是全球性别分布,还是登船人中的性别分布?船难是只针对当时在船上的人的,所以,船上所有人的性别分布才是我们要比较的对象。由此,我们设置空假设 H_0:幸存者中的性别分布与船上所有人的性别分布是一致的。替代假设 H_1 则是不一致。

例 6-1-4 卡方检验举例。

```
import pandas as pd
import numpy as np
from scipy import stats
from scipy.stats import chi2

titanic = pd.read_csv("Titanic.csv")

#对全体做性别统计
mask1 = titanic['Sex'] == 'male'
mask2 = titanic['Sex'] == 'female'
p = np.array([sum(mask1)/(sum(mask1) + sum(mask2)),sum(mask2)/(sum(mask1) + sum(mask2))])
print('船上男女性别比例为: ', p)

mask_survived = titanic['Survived'] == 1
my_survived = titanic.loc[mask_survived,'Sex']
pop_size = my_survived.count()
print('存活的人共有 ',pop_size)
```

```
E = pop_size * p
print( '预期的男、女个数是 ',E)

mask1 = my_survived == 'male'
mask2 = my_survived == 'female'
my_set1 = my_survived [mask1]
my_set2 = my_survived [mask2]
O = np. array([len(my_set1), len(my_set2)])
print('实际的男女个数是 ',O)

chi_squard, p_value = stats. chisquare(f_obs = O, f_exp = E)
print('卡方检验的 p = ',chi_squard, p_value)
a = 0.05
if p_value <= a:
    print('我们 \033[1;31m 拒绝 \033[0m 男性、女性具有相同生存率的假设.')
else:
    print('我们 \033[1;31m 接受 \033[0m 男性、女性具有相同生存率的假设')
```
船上男女性别比例为： [0.64758698 0.35241302]
存活的人共有 342
预期的男、女个数是 [221.47474747 120.52525253]
实际的男女个数是 [109 233]
卡方检验的 p = 162.08166685161612 3.970516389658729e-37
我们 拒绝 男性女性具有相同生存率的假设

例 6-1-4 中,我们首先假定 Titanic 文件中是全部人的数据,并从中获得了船上男、女两性的分布。然后,在幸存者中,我们计算出如果与总体性别比保持一致,男、女性人数各应为多少,用 E 存放。接着,我们统计幸存者中的实际男、女性人数,用 O 存放。卡方统计量 χ^2 由类似 $\sum_{i=1}^{2}(O_i - E_i)^2$ 来构造,由于男性、女性的比例总和为 1,即上述平方和中的两个加数其实相互不独立,所以 χ^2 服从自由度为 1 的卡方分布。stats 模块中的 chisquare 函数可以做卡方检验,将两个参数 f_obs 和 f_exp 分别设置为实际的男女人数 O 和与总体相符的男女人数 E,就可以获得相应的卡方统计量和 p 值了。同样地,将 p 值与设定的显著性水平比较,小于显著性水平就可以拒绝空假设 H_0。从返回的结果我们可以看到,p 值很小,拒绝了空假设,也就是说幸存者中的性别分布与船上原来的性别分布是不一致的,女性在幸存者中确实占了比原来要大的比例。

例 6-1-4 中,我们是用卡方检验解决两组数据间类别型特征的概率分布比较,如果要比较两组在某个数值型特征的概率分布,则可以采用 Kolmogorov-Smirnov 检验等其他的检验方法。

事实上,根据具体应用需求构造的检验统计量形式不一而足,对应地也就有种类繁多的假设检验,这里不能一一详述,仅能就几种最常用的做举例介绍。但无论哪种假设检验,其流程都是基本一致的,即:

(1) 提出空假设 H_0 和替代假设 H_1;

(2) 设置显著性水平;

（3）构造检验的统计量，实施与统计量对应的假设检验；

（4）将假设检验返回的 p 值与显著性水平比较接受或拒绝空假设。

当然，目前很多统计分析工具包都提供了大量的假设检验函数，只要我们给定样本，选定检验的种类，就能自动实施上述的步骤（2）～（4），此时数据分析人员的工作关键体现在空假设和假设检验种类的确定，而这也关乎最终对于假设检验结果的正确解读。所以，尽管我们不需要做具体的计算了，但是对于假设检验的意义的理解却必须是正确、严谨的，这样才能保证获得结论的可靠性。

6.1.4 *p*-hacking

假设检验返回的 p 值是假设检验的重要结果之一，它反映的是基于当前空假设 H_0，现有样本计算出的检验统计量落入当前值及以外区域的概率，p 值越小，表示这个概率越小，小到一定程度，例如小于我们设置的显著性水平 α，则可以拒绝 H_0。但是，需要提醒的是，此时我们拒绝空假设依然存在着错误拒绝的风险，错误拒绝的概率就是 p。本质上，p 反映的就是 I 型错误率，而 α 反映的则是我们能接受的 I 型错误率的上限。

再换一个角度，现在有一些数据分析工作，会尝试在大量特征中寻找 $p \leqslant \alpha$（例如 $p \leqslant 0.05$）的特征。这样找到的特征真的能说明统计学差异吗？事实上，即便 H_0 成立，当我们随机尝试 100 种不同的特征时，出现 5 个落入拒绝域（$p \leqslant 0.05$）的特征也是完全合理的，因为这里 0.05 的意义本来就是 H_0 为真时落入拒绝域的概率。因此，我们一定要警惕这种过度挖掘数据的做法，这其实就是近些年引起关注和诟病的 *p*-hacking（即 p 值操纵）。

为避免 *p*-hacking，传统统计学强调应先提出假设，再做假设检验。例如，当想要查看某个特征在两组之间有没有差别时，应先提 H_0：特征 X 在组 A 和组 B 上均值相同（或分布相同等），然后在做好混杂因素匹配的情况下进行数据准备和假设检验。而不是无目标地在大量特征中穷尽搜索，例如没有任何假设，把所有的特征甚至构造复合特征，逐个在组 A、组 B 间检验后，挑出其中 p 值较小的来声称这些特征存在组间显著性差异。

那么，是不是就不能考察大量特征了呢？也不尽然。我们认为最好的做法是用可重复性来验证，也就是说，当分析一批数据找到 p 值小的特征后，先不要急于下结论，应针对该特征确定空假设，再充分搜集独立的新数据，并检查在新数据上这些专门针对该空假设的假设检验是否依然具有小的 p 值。在新数据上能重复的结论，才是可靠的。我们不要忘记，可重复性始终是区分科学与伪科学的一条重要原则。

6.2 回归模型

基本的统计推断主要告诉我们总体的分布特性，或者组间的差异性，等等。要实现更具体的预测或分类任务，则还需要进一步的行动，例如本节即将介绍的回归模型。

回归是指建立因变量 y 和自变量 x 之间的函数关系：

$$\hat{y} = f(x) \tag{6-2-1}$$

其中, f 代表拟合的函数关系, $\hat{y}$ 代表用 f 获得的对 y 的估计(或预测)。我们做回归分析的目的是将来能利用所得到的函数关系 f, 只基于 x 就预测出 y。这里, y 是我们希望被预测或被解释的变量, 所以 y 又称为目标或响应; x 又称为预测变量, 一般是我们容易获得的样本特征。这里的 x 可当作一个向量来看待, 即不一定只包含一个特征, 当 x 包含多个特征(包含分量 $x_1, x_2, \cdots, x_n$)时就是多元回归, 只包含一个特征时就是一元回归。根据函数关系 f 是线性还是非线性, 回归也相应地分为线性回归和非线性回归, 常用的线性回归即是建立因变量 y 和自变量 x 之间的线性关系, 如:

$$\hat{y}_k = \beta_0 + \beta_1 x_{k1} + \beta_2 x_{k2} + \cdots + \beta_n x_{kn} \tag{6-2-2}$$

其中, β_0 称为截距, $\beta_i (i = 1 \sim n)$ 称为回归系数, 不同的下标 k 代表不同的样本。

6.2.1 线性回归模型

我们不妨以最简单的一元线性回归为例来介绍。只涉及一个自变量的一元线性回归模型可以表示为 y 是某个一维特征 x 的线性函数, 从而式(6-2-2)可简化为

$$\hat{y}_k = \beta_0 + \beta_1 x_{k1} \tag{6-2-3}$$

我们借助图 6-2-1 来理解线性回归的几何意义。

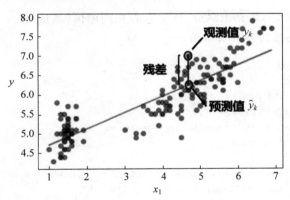

图 6-2-1　一元线性回归的几何意义示意图

以样本的特征 x_1 和 y 分别作为横坐标和纵坐标, 绘制出二维散点图。一元线性回归就是试图找到一条直线, 能够最好地反映出 y 与 x_1 之间的联动关系。那么, 问题来了, 很显然我们可以轻易地在这堆散点中画出很多条直线, 可到底哪条才是最好的呢? 解决这个问题, 需要先引入一个称为残差的概念。我们把模型得到的 $\hat{y}_k$ 称为预测值, 而样本实际的 y 取值(即对 y 观测得到的值)称为观测值 y_k, 预测值和观测值之间的差异 $|\hat{y}_k - y_k|$ 通常称为残差。然后, 对所有样本定义残差平方和:

$$SS_{\text{residuals}} = \sum_{k=1}^{n} (\hat{y}_k - y_k)^2 \tag{6-2-4}$$

将式(6-2-3)中的 $\hat{y}_k$ 代入, 得到

$$\mathrm{SS}_{\mathrm{residuals}} = \sum_{k=1}^{n} (\beta_0 + \beta_1 x_{k1} - y_k)^2 \qquad (6\text{-}2\text{-}5)$$

回归线方程的建立,就是确定使式(6-2-5)形式的残差平方和最小的待定参数 β_0 及 β_1。

微积分知识告诉我们这种求最小值问题可以转化为对 $\sum_{k=1}^{n} (\beta_0 + \beta_1 x_{k1} - y_k)^2$ 求一阶导数的零点,从而可以推导出

$$\begin{cases} \beta_0 = \bar{y} - \beta_1 \bar{x}_1 \\ \beta_1 = \dfrac{\displaystyle\sum_{k=1}^{n} (x_{k1} - \bar{x}_1)(y_k - \bar{y})}{\displaystyle\sum_{k=1}^{n} (x_{k1} - \bar{x}_1)^2} = \dfrac{\displaystyle\sum_{k=1}^{n} x_{k1} y_k - n \bar{x}_1 \bar{y}}{\displaystyle\sum_{k=1}^{n} x_{k1}^2 - n \bar{x}_1^2} \end{cases} \qquad (6\text{-}2\text{-}6)$$

其中,$\bar{x}_1$ 和 $\bar{y}$ 代表所有样本在特征 x_1 和 y 上的统计均值。因此我们找到的一元回归直线是通过点 $(\bar{x}_1, \bar{y})$,并使残差平方和最小的直线。这种求回归线的方法其实就是最小二乘法。

回归模型与观察值之间的总体误差可以用均方根误差 RMSE

$$\mathrm{RMSE} = \sqrt{\frac{1}{n} \sum_{i=1}^{n} (\hat{y}_i - y_i)^2} \qquad (6\text{-}2\text{-}7)$$

来衡量。根据式(6-2-7),可知 RMSE 与 y 有着相同单位(或量纲)。

例 6-2-1(a) 线性回归应用举例。

```python
import pandas as pd
import numpy as np
from scipy import stats
from matplotlib import pyplot as plt
from sklearn.linear_model import LinearRegression
from sklearn import metrics

my_iris = pd.read_csv('iris.csv', sep = ',', decimal = '.', header = None,
                    names = ['sepal_length', 'sepal_width',
                            'petal_length', 'petal_width', 'target'])

feature_cols = 'petal_length'
x = my_iris[[feature_cols]]
y = np.array(my_iris['sepal_length'])
plt.plot(x, y, 'o', alpha = 0.5)

linreg = LinearRegression()
linreg.fit(x, y)
print('f(x) = ', linreg.intercept_, ' + ', linreg.coef_[0], 'x')

pred_y = linreg.predict(x)
plt.plot(x, pred_y, 'g', alpha = 0.5)
plt.plot(np.array(x).mean(), y.mean(), 'r * ', ms = 12)
```

```
plt.gca().set_xlabel(feature_cols)
plt.gca().set_ylabel('sepal_length')
print('RMSE = ',np.sqrt(metrics.mean_squared_error(y,pred_y)))
f(x) =  4.305565456292049 + 0.4091258984678836 x
RMSE =  0.40435105064202476
```

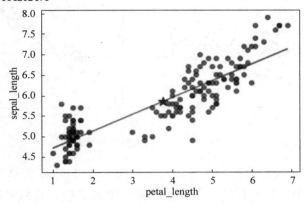

例 6-2-1(a)中,我们利用 sklearn 库中 linear_model 模块的 LinearRegression 对象,以鸢尾花数据的 petal_length 作为自变量,sepal_length 作为被预测变量来做线性回归。与一般的面向对象编程技术一致,这里我们先从 LinearRegression 对象生成一个命名为 linreg 的实例,调用这个实例中的 fit 方法,并指定用来建模的自变量 x 和因变量 y 的数据,针对这批数据的线性回归模型就建好了,确定的模型参数存放在 linreg 的截距属性 intercept_ 和系数属性 coef_ 中。由于 LinearRegression 本身是支持多元回归的,因此 coef_ 属性是数组的形式。我们这里只做一元回归,只有一个系数,指定系数下标为 0 访问即可获得。

LinearRegression 对象中还定义了 predict 方法,我们通过 linreg.predict 来调用,只要给定自变量 x,就能获得对应的模型预测值。输出区图中的绿色直线,就是模型获得的回归线,线上的每一点都代表当以该点的横坐标作为自变量时,该点的纵坐标值就是模型的预测值。我们在图中同时画出了点$(\bar{x},\bar{y})$并用红色五角星表示出来,可以看到,回归直线确实是通过这个点的。最后,我们还计算了观测值和预测值之间的均方根误差 RMSE,结果约为 0.40。

6.2.2　线性回归模型性能评价

例 6-2-1(a)演示了如何利用 sklearn 库中的现成工具 LinearRegression 来实现线性回归。不知大家是否注意到,我们在调用其中的 fit 函数时,其实除了要求自变量 x 和因变量 y 等长,以及该长度(即训练集样本容量)大于 1,再没有任何其他限制。也就是说,只要有等长的且序列长度超过 1 的 x 和 y,就一定能找到一个回归模型。但是,这个模型到底是好还是不好呢? 或者,从数学的角度,只要我们能给出一定量的样本,利用最小二乘法总是能找到一条回归线(例如图 6-2-2 的左、右两幅子图中,都找到了绿色实线代表的回归直线)。但是,这条回归线只代表了所有同阶次线中与样本间 RMSE 最小的一条,并不代表这个 RMSE 就是一个可接受的 RMSE。例如,例 6-2-1(a)中,没有一个比较标准,很难确定约 0.40 的 RMSE 是好还是不好的。

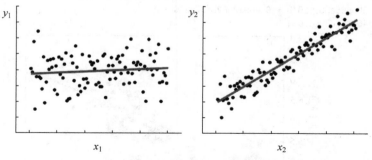

图 6-2-2   回归模型总是能找到

那么,怎么评价我们的回归模型好与不好呢?或者说,我们真的能有效利用这条回归线去通过 x 预测 y 吗;更直白的,得到的回归有意义吗?我们必须引入一个回归效果的评价参数,即决定系数 r^2。

我们可借助图 6-2-3 来做几个定义。

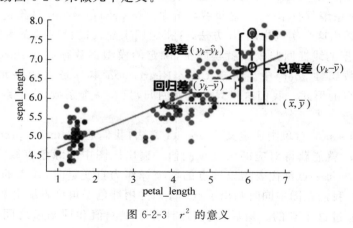

图 6-2-3 r^2 的意义

对所有的样本,定义总平方和为

$$SS_{\text{total}} = \sum_{k=1}^{n} (y_k - \bar{y})^2 \tag{6-2-8}$$

它代表样本相对于样本均值的总离差平方和。结合式(6-2-5)定义的残差平方和,可给出 r^2 的定义,即

$$r^2 \equiv 1 - \frac{SS_{\text{residual}}}{SS_{\text{total}}} = 1 - \frac{\sum_{k=1}^{n} (\hat{y}_k - y_k)^2}{\sum_{k=1}^{n} (y_k - \bar{y})^2} \tag{6-2-9}$$

进一步还可定义回归平方和为

$$SS_{\text{regression}} = \sum_{k=1}^{n} (\hat{y}_k - \bar{y})^2 \tag{6-2-10}$$

它代表由于回归函数所引入的样本相对于样本均值的离差,属于样本变异性中可以被回归模型解释的部分。数学上可证明,最小二乘法确定的回归模型中,

$$SS_{\text{total}} = SS_{\text{regression}} + SS_{\text{residual}} \tag{6-2-11}$$

因此 r^2 也可以由

$$r^2 = \frac{SS_{\text{regression}}}{SS_{\text{total}}} = \frac{\sum_{k=1}^{n} (\hat{y}_k - \bar{y})^2}{\sum_{k=1}^{n} (y_k - \bar{y})^2} \tag{6-2-12}$$

求得。根据以上定义,r^2 衡量的是数据总变异性(总平方和)中可由模型解释的变异性(回归平方和)所占的比例,其取值为 0~1。越靠近 1,则数据中可由模型解释的成分越多,从而代表模型性能越好;越接近 0,则数据中的模型不可解释成分越多,模型性能越不好。

例 6-2-1(b) 线性回归评价举例。

```
print('r_square = ',linreg.score(x,y))
r_square =  0.7599553107783261
```

LinearRegression. score 方法能直接返回 r^2。我们看到例 6-2-1(a)中回归模型 $r^2 \approx 0.76$,可见并不是特别好。

6.2.3 线性回归与线性相关

最后,我们来看线性回归与线性相关之间的联系与区别。

(1)线性相关分析中我们用线性相关系数来反映两个变量的耦合程度,两个变量的地位是平等的,并不能用一个变量去预测另一个;而线性回归分析中,强调回归函数的确定,直接建立起两个变量间的函数关系,以期用自变量 x 去预测因变量 y。

(2)线性相关系数取值范围为 $-1 \sim 1$,r^2 的取值范围为 0~1。实际上,线性回归中的 r^2 就是线性相关系数的平方,这正是 r^2 这个名称的由来,r 不就是线性相关系数的符号吗? 回归系数也与 r 有确定关系:

$$\beta = \frac{S_Y}{S_X} \times r \tag{6-2-13}$$

其中,S_Y, S_X 分别代表 Y 和 X 的标准差。式(6-2-13)可以理解为,回归系数是线性相关系数 r 的一个重新标度的变形。

例 6-2-1(c) 线性回归与线性相关的联系验证。

```
print(my_iris[[feature_cols,'sepal_length']].corr())
print('\n')
r = np.array(my_iris[[feature_cols,'sepal_length']].corr()[['sepal_length']].iloc(0)[0])
```

```
print('r = ',r)
print('square of r = ',r* * 2)

print('beta1 = ',linreg.coef_[0])
sx = my_iris[[feature_cols]].std()[0]
sy = my_iris[['sepal_length']].std()[0]
print('r * sy/sx = ',r * sy/sx)
                    petal_length  sepal_length
petal_length        1.000000      0.871754
sepal_length        0.871754      1.000000


r =  [0.87175416]
square of r =  [0.75995531]
beta1 = 0.4091258984678836
r*sy/sx = [0.4091259]
```

Pandas 的 DataFrame 结构中的 corr 函数就可以对数据框中的不同特征(列)求两两相关系数。从例 6-2-1(c)我们看到,petal_length 和 sepal_length 之间的相关系数约为 0.87,其平方正等于之前求出的 r^2,回归系数 β_1 也正等于 $\dfrac{S_Y}{S_X} \times r$。

6.2.1 节~6.2.3 节主要介绍了一元线性回归。其实多元的情况,在理论推导上并没有本质差异,例 6-2-1 程序中使用的函数和方法都能直接应用于多元线性回归,只要在定义自变量 x 时,由一列特征变成多列特征即可。但是,特征越多,模型势必越复杂,越容易导致过拟合。所谓过拟合,指的是模型只在建模的数据上性能好,一旦面对新数据性能就非常糟糕。而我们建模的目的恰恰是用模型去预测新的数据,所以,过拟合的问题是一定要避免的。这个问题将在 6.7 节深入讨论。

6.2.4 逻辑回归

线性回归模型可以用一个或多个量化特征作为自变量,来预测连续区间的响应。如果我们并不需要预测连续值,而是想实现一个分类任务,例如二分类,又该怎么办呢?

要实现二分类,可以在线性回归的基础上,对输出所在的连续区间做阈值划分,例如规定模型输出值低于阈值属于一类,高于阈值则属于另一类。但是更常用的是,放弃线性函数,采用一个更为合适的函数,基于一个或多个自变量直接预测某事件发生的概率。我们知道概率的取值区间是 0~1,因此,直接选择一个值域为 0~1 的函数,例如当选择 S 形的 Logistic 函数时,就是我们常说的逻辑回归。

Logistic 函数表达式如:

$$f(t) = \frac{1}{1 + e^{-t}} \tag{6-2-14}$$

其中自变量 $t \in (-\infty, +\infty)$。函数曲线如图 6-2-4 所示,是一条光滑、单调上升的 S 形曲线,对应定义域 $t \in (-\infty, +\infty)$,函数值域为 $f \in (0,1)$。

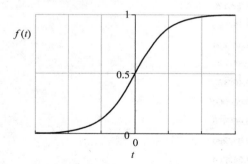

图 6-2-4　Logistic 函数曲线

根据之前我们对回归的介绍,回归模型其数学本质是从自变量 x 到预测变量 y 的映射。这里,Logistic 函数的输出就是我们的预测变量——某事件的发生概率。那么,是否 Logistic 函数的自变量就直接对应我们样本中的特征呢?其实不是的。事实上,我们是用样本特征的线性函数作为 Logistic 的自变量。这里,我们要先引入一个几率(Odds)的概念。如果某事件发生的概率记作 P,则这个事件的几率被定义为该事件发生的概率与不发生的概率之比,即

$$\text{Odds} = \frac{P}{1-P} \qquad (6\text{-}2\text{-}15)$$

其中定义域 $P \in [0,1]$,值域 $\text{Odds} \in [0, +\infty)$。进一步,如果对几率求自然对数,即

$$\log\_\text{Odds} = \ln \frac{P}{1-P} \qquad (6\text{-}2\text{-}16)$$

则这个结果的范围就变成了负无穷到正无穷。

例 6-2-2　概率、几率、对数几率的取值范围仿真。

```
import pandas as pd
import numpy as np
from matplotlib import pyplot as plt

table = pd.DataFrame({'prob':[0.01,0.1,0.2,0.3,0.4,0.5,0.6,0.7,0.8,0.9,0.99]})
table['odds'] = table['prob']/(1-table['prob'])
table['log-odds'] = np.log(table['odds'])
table

plt.plot(table['prob'],table['prob'],'g')
plt.plot(table['prob'],table['odds'],'y')
plt.plot(table['prob'],table['log-odds'],'m')
plt.plot(0.5,0,'dr',ms = 10)
plt.ylim([-6,6])
plt.legend(['probability','Odds','log_odds','(0.5,0)'])
```

	prob	odds	log-odds
0	0.01	0.010101	-4.595120
1	0.10	0.111111	-2.197225
2	0.20	0.250000	-1.386294
3	0.30	0.428571	-0.847298
4	0.40	0.666667	-0.405465
5	0.50	1.000000	0.000000
6	0.60	1.500000	0.405465
7	0.70	2.333333	0.847298
8	0.80	4.000000	1.386294
9	0.90	9.000000	2.197225
10	0.99	99.000000	4.595120

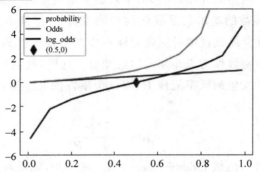

例 6-2-2 中,我们计算了概率 P 从 0.01 变化到 0.99 时,其对应的几率和对数几率。通过结果可以看到,几率都是非负的,而对数几率则有正有负,并关于点(0.5,0)对称。我们把三个变量随 P 变化的曲线分别画出来,其中绿色对应概率,黄色对应几率,紫色对应对数几率,可以获得更直观的认识。

经例 6-2-2 的验证,对数几率其值域为 $-\infty \sim +\infty$,正好适合作为线性函数的输出。如果对对数几率做线性回归,也就是说基于样本的特征 x,构建对应事件对数几率的线性函数

$$\ln \frac{P}{1-P} = \beta_0 + \beta_1 x \tag{6-2-17}$$

将式(6-2-17)稍作变换,得到事件发生的概率 P 的函数表达式

$$P = \frac{e^{\beta_0 + \beta_1 x}}{1 + e^{\beta_0 + \beta_1 x}} \tag{6-2-18}$$

正是 Logistic 函数形式。所以,逻辑回归其实就是对对数几率做线性回归。

二分类问题中,逻辑回归的因变量服从伯努利分布,而非正态分布。所以逻辑回归中确定模型参数 β 并不能应用线性回归时的最小二乘法,取而代之地,是最大化所有样本的对数似然函数

$$L(\beta) = -\frac{1}{N}\sum_{k=1}^{n}\left[y_k \ln(f(x_k)) + (1-y_k)\ln(1-f(x_k))\right] \qquad (6\text{-}2\text{-}19)$$

其中,因变量(目标)y_k 是取值或 0 或 1 的二分类标签,$f(x) = \dfrac{e^{\beta_0+\beta_1 x}}{1+e^{\beta_0+\beta_1 x}}$ 是 Logistic 函数。事实上,逻辑回归中,我们无法像线性回归中那样获得模型参数 β 的封闭解(闭式解),而只能作为优化问题,采取迭代的方法(例如梯度下降法等),从一个初始值出发,逼近最优解,直至达到停止准则。

sklearn 库中 linear_model 模块中有 LogisticRegression 对象可以做逻辑回归。优化问题本身涉及众多参数的设置,例如构建 sklearn 库的 LogisticRegression 对象时有优化算法(solver)、惩罚范数(penalty)、停止准则容限(tol)、类别权重(class_weight)等十多个参数需指定。当然这些参数可设置为缺省(默认)值,但在实际应用中,需要根据应用的具体情况做恰当选择。本书中对这部分内容不做深入介绍,有兴趣的读者可以进一步自学机器学习的相关理论和应用。以下只给出一个最简单的应用例子。

例 6-2-3 逻辑回归应用举例。

```python
import pandas as pd
import numpy as np
import matplotlib.pyplot as plt
from sklearn.linear_model import LogisticRegression
from sklearn import metrics
from scipy import stats
from sklearn.model_selection import train_test_split

bikes = pd.read_csv("bikeshare.csv")
print(bikes.shape)
bikes.head()
```

(10886, 13)

	Unnamed: 0	datetime	season	holiday	workingday	weather	temp	atemp	humidity	windspeed	casual	registered	count
0	0	2011-01-01 00:00:00	1	0	0	1	9.84	14.395	81	0.0	3	13	16
1	1	2011-01-01 01:00:00	1	0	0	1	9.02	13.635	80	0.0	8	32	40
2	2	2011-01-01 02:00:00	1	0	0	1	9.02	13.635	80	0.0	5	27	32
3	3	2011-01-01 03:00:00	1	0	0	1	9.84	14.395	75	0.0	3	10	13
4	4	2011-01-01 04:00:00	1	0	0	1	9.84	14.395	75	0.0	0	1	1

```python
feature_cols = ['temp']
x = bikes[feature_cols]
y = bikes['count'] >= bikes['count'].mean()

x_train, x_test, y_train, y_test = train_test_split(x, y)

logreg = LogisticRegression()
logreg.fit(x_train, y_train)
print('分类准确率是:', logreg.score(x_test, y_test)) #评分函数
pd.DataFrame(np.transpose([y_test.values, logreg.predict(x_test)]),
```

$$\text{columns} = \{ '真实值', '预测值' \}).\text{head}()$$

分类准确率是：0.662747979426892

	预测值	真实值
0	True	False
1	True	True
2	False	False
3	False	False
4	False	True

例 6-2-3 中，我们来研究一个自行车租借的数据。首先检查数据：数据文件包含一万多行、13 列，其中每一行代表某一个特定小时内某个地区的自行车租赁、具体日期时间、属于四季中的哪个季节、是否是假期、是否是工作日、天气、气温、体感温度、湿度、风速、注册用户租借数量、非注册用户租借数量等 13 个特征的情况。我们尝试根据某些特征来预测当前条件下租借数量是高还是低。

Logistic 模型的自变量最好为数值型，注意到这里其实只有气温、体感温度、湿度、风速和租借数量才是数值型数据，所以我们在这几个特征中选择自变量。简单起见，先只选气温这一个特征作为预测自变量。对于被预测变量，我们目前只考虑二分类，所以定义一个二值事件，即租借数量高于平均水平，还是低于平均水平。由此，我们的模型中，输入自变量 x 就是气温，输出的是是否高于平均租借数量的二分类标签——"是"与"否"。

6.2.5 训练集-测试集划分

绝大多数的模型使用，都分为模型建立（建模或模型训练）和模型应用两个阶段，如图 6-2-5 所示。在建模阶段，主要是根据已有的数据确定好模型的参数，如回归系数 β 等。这一过程，在例 6-2-3 和例 6-2-1 中体现为对模型实例的 fit 函数的调用。我们建立模型的目的总是为了将模型应用于未知数据，这一应用过程中，通常不会再修改模型的参数，而是将模型作为一个确定的函数，给它输入一个新的数据，期待模型输出对于该数据的预测或分类结果。这一过程，在例 6-2-3 和例 6-2-1 中体现为对模型实例的 predict 函数的调用。

现在请思考一个问题：我们评价模型的性能，应该在建模阶段呢，还是在应用阶段呢？或者说，应该基于训练模型的数据，还是新数据呢？为公平起见，应该用模型在未学习过的数据上的表现来评价模型。但是如果真的是 Y 未知的数据，我们又并不知道模型输出到底正确与否，所以，实际应用中我们采取的方法是对已知 Y 的数据集做训练集-测试集划分（train-test split）。所谓训练集，是指建模时"喂给"模型的数据。测试集是指模型建立后，用来测试模型性能的数据。为测试模型对于新数据的识别能力，测试集不应该包含训练集中的数据。

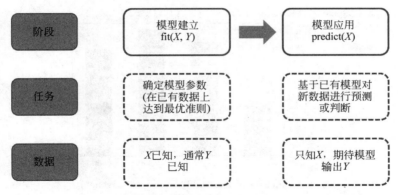

图 6-2-5　模型使用的两个阶段

例 6-2-3 中，bikeshare 的数据足够多，我们就把这个文件随机划分为两个集合：训练集、测试集。sklearn 库的 model_selection 模块提供 train_test_split 函数做训练集-测试集随机划分。数据划分好后，先利用 LogisticRegression 中的 fit 函数，基于训练集数据进行建模，然后，再调用 score 函数，对模型在测试集数据上的表现进行评分，其中 score 函数返回的是二分类的准确率。通过输出区内容我们看到，仅仅用气温来预测租借数量是否高于均值，准确率仅接近 66%。

6.2.6　应用非数值特征作为输入时的 one-hot 编码

如果我们想要应用数据文件中的非数值型特征，例如类别特征"季节"，作为模型的一个输入维度可不可以呢？其实是可以的，但是，此时我们要意识到，"季节"特征中的数字 1～4 其实没有数量上的对应，仅仅是一个符号，所以，为了避免数字 1～4 引入非真实的数量意义，我们一般建议做一个 one-hot 编码。所谓 one-hot 编码，就是将类别型数据映射到一个始终只有一位被置为"1"，其他位都是"0"的二进制编码，编码的长度就是类别的个数（见图 6-2-6）。例如季节，我们可将其转换成一个 4 位的二进制编码，原来的特征取值数字几，转换成第几位上置 1。

特征取值\编码	编码_1	编码_2	编码_3	编码_4
1	1	0	0	0
2	0	1	0	0
3	0	0	1	0
4	0	0	0	1

4 位二进制码，编码长度=类别个数

图 6-2-6　one-hot 编码示意图

例 6-2-3（b）增加了类别特征的逻辑回归举例。

```
bikes['above_average'] = bikes['count'] >= bikes['count'].mean()
```

```
bikes.groupby('season').above_average.mean().plot(kind = 'bar')
```

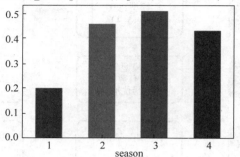

```
when_dummies = pd.get_dummies(bikes['season'],prefix = 'season_')
when_dummies.head()
```

	season__1	season__2	season__3	season__4
0	1	0	0	0
1	1	0	0	0
2	1	0	0	0
3	1	0	0	0
4	1	0	0	0

```
x = pd.concat([bikes[['temp']],when_dummies],axis = 1)
x_train,x_test,y_train,y_test = train_test_split(x,y)
logreg = LogisticRegression()
logreg.fit(x_train,y_train)
print('用气温、季节同时作为预测自变量,预测的准确率为: ',logreg.score(x_test,y_test))
```
用气温、季节同时作为预测自变量,预测的准确率为: 0.7027920646583394
```
x = bikes[['temp','season']]
x_train,x_test,y_train,y_test = train_test_split(x,y)
logreg = LogisticRegression()
logreg.fit(x_train,y_train)
print('不做季节特征的 one – hot 编码时,预测的准确率为: ',logreg.score(x_test,y_test))
```
不做季节特征的one-hot编码时,预测的准确率为: 0.6546656869948567

例 6-2-3(b)中,我们首先用条状(bar)图观察各季节中超过均值的租借占当季所有租借的比例,然后用 Pandas 库中提供的 get_dummies 函数,对"季节"特征实现 one-hot 编码。我们可以在之前的气温基础上,增加这个季节编码,作为多元的预测变量来构建新的 Logistic 模型。从输出区的结果可以看到,这个模型在测试集上的性能达到了约 0.70,比之前单独用气温时略有提高。

同时,我们还对比了不做 one-hot 编码,直接将"季节"的类别特征作为模型输入的结果。输出区结果显示,这个模型在测试集上的性能约为 0.65,不如 one-hot 编码的结果。这告诉我们,对于以数值型数据作为输入的模型,模型中对于数值的大小定义通常是有单调对应性的,而类别型数据,从数据定义上不符合这种对应性,直接作为模型的输入,无助于性能提升。采用 one-hot 编码后,将原来的 n 类一维特征扩充为 n 维布尔特征,布尔型虽然仍非数值型,但由于只涉及两个选项,能满足单调性,因此不会误导模型。实际上,逻辑回归模型在现实应用中并不严格要求输入是连续的数值型特征,只要能满足量化意义上的单调性,离散型特征作为输入有时甚至能获得比连续型特征更好的性能。

6.2 节中,我们分别介绍了线性回归和逻辑回归。其中线性回归主要用来预测一个连续区间上的数量值,而逻辑回归则用于分类问题。线性回归的评价主要依据 RMSE 和 r^2 参数,而逻辑回归,其评价主要是分类性能评价的各种指标,将在 6.4 节详细介绍。同时,我们始终要注意,每一种模型,对其性能的评价都应基于其未见过的新数据,而不是建模阶段用过的数据。基于此要求,我们一般都会将数据划分为不交叉的训练集与测试集,训练集用来建模,测试集用来评价模型性能,这样获得的评价指标才是更可靠的。

6.3　朴素贝叶斯模型

朴素贝叶斯模型也是用于分类任务的一种常用模型,其基本原理是概率论中的贝叶斯定理。

6.3.1　贝叶斯定理

我们先给出几个符号的定义:x 代表我们能观察到的属性,即观察变量;C 代表一个潜在特性,比如分类的类别。如果我们希望通过能观察到的属性 x,来给出潜在特性 C 取某值的概率,就相当于求观察到 x 时,取 C 的条件概率,常记为符号 $P(C|x)$,又称为 C 的后验概率。

由贝叶斯定理有

$$P(C|x) = \frac{P(x|C)P(C)}{P(x)} \tag{6-3-1}$$

其中,$P(x|C)$ 代表 C 中观察到 x 的条件概率,$P(C)$ 代表总体中 C 发生的概率,$P(x)$ 代表在总体中观察到 x 的概率。这里,我们还常常称 $P(C)$ 为 C 的先验概率,称 $P(x|C)$ 为似然性(likelihood)。

我们可以通过一个例子来帮助理解贝叶斯定理的应用。

例 6-3-1　我们已知 K 疾病在某地区的发生率是 0.1%,同时知道通过 X 检验来诊断 K 疾病的统计如表 6-3-1 所示。现在,张三在一次常规体检中 X 检验呈阳性,请问:张三患 K 疾病的概率是多少? 不患 K 疾病的概率又是多少?

表 6-3-1　X 检验 K 疾病的统计表　　　　　　单位:例

是否患疾病 K	X 检验阳性	X 检验阴性
患疾病 K	99	1
不患疾病 K	1	99

解析:乍一看,根据表 6-3-1,无论是患 K 疾病人群,还是不患 K 疾病人群,X 检验的准确率都是 99%,所以张三患 K 疾病概率就等于 99%,是这样的吗? 不是! 我们需要对照贝叶斯定理来理顺各变量的意义。

这里，X 检验的结果阳性(记为 X_+)或阴性(记为 X_-)是我们的观察变量，"患 K 疾病"与"不患 K 疾病"是潜在的两个分类。由此，构建贝叶斯公式

$$P(\text{患 K 疾病} \mid X_+) = \frac{P(X_+, \text{患 K 疾病})}{P(X_+)} = \frac{P(X_+ \mid \text{患 K 疾病})P(\text{患 K 疾病})}{P(X_+)}$$

$$(6\text{-}3\text{-}2)$$

因此，要求后验概率 $P(\text{患 K 疾病}|X_+)$，我们需要知道先验概率 $P(\text{患 K 疾病})$，K 发生时 X 检验为阳性的条件概率 $P(X_+|\text{患 K 疾病})$，以及总体中 X 检验为阳性的概率 $P(X_+)$。先验概率 $P(\text{患 K 疾病})$ 是多少？根据题意，K 在该地区的发生率是 0.1%，这就是 K 的先验概率。条件概率 $P(X_+|\text{患 K 疾病})$ 是多少？根据表 6-3-1，可算出 $P(X_+|\text{患 K 疾病}) = 99\%$。$P(X_+)$ 不是那么一目了然，我们需通过全概率公式来求，具体就是把总体分为两部分，即患 K 疾病的和未患 K 疾病的，则

$$P(X_+) = P(X_+ \mid \text{患 K 疾病})P(\text{患 K 疾病})$$
$$+ P(X_+ \mid \text{不患 K 疾病})P(\text{不患 K 疾病})$$

其中，两个条件概率 $P(X_+|\text{患 K 疾病})$ 和 $P(X_+|\text{不患 K 疾病})$ 都可以通过表 6-3-1 获得，而两个先验概率 $P(\text{患 K 疾病})$ 和 $P(\text{不患 K 疾病})$，既然前者已知是 0.1%，后者也就知道了是 99.9%。因此，有

$$P(\text{患 K 疾病} \mid X_+) = \frac{0.99 \times 0.1\%}{0.99 \times 0.1\% + 0.01 \times 99.9\%} \times 100\% \approx 9\%$$

也就是说，尽管张三的 X 检验结果为阳性，但此时他患 K 疾病的后验概率只有 9%，远远小于我们一开始猜测的 99%。

用同样的方法，可以计算出张三在 X 检验结果为阳性的条件下，不患 K 疾病的概率

$$P(\text{不患 K 疾病} \mid X_+) = \frac{P(X_+ \mid \text{不患 K 疾病})P(\text{不患 K 疾病})}{P(X_+)}$$
$$= \frac{0.01 \times 99.9\%}{0.99 \times 0.1\% + 0.01 \times 99.9\%} \times 100\% \approx 91\%$$

其实满足

$$P(\text{患 K 疾病} \mid X_+) + P(\text{不患 K 疾病} \mid X_+) = 1$$

可能有读者会觉得这个结果太反直觉而难以理解了，X 检验的正确率从表 6-3-1 看起来都是 99% 的啊，可为什么张三在 X 检验为阳性后患 K 疾病的概率却依然这么小呢？这是因为 K 疾病在该地区的发生率本来就很小啊，没做 X 检验时，张三患 K 疾病的概率只有 0.1%，当我们给出 X 检验结果阳性后，张三患病概率 9%，已经提高到原来的 90 倍了，这个提高正是因为 X 检验结果阳性这一信息的加入而带来的。

下面请进一步思考：如果你是医生，你会诊断张三是患有 K 疾病呢，还是不患 K 疾病呢？

有读者说，他会诊断张三不患 K 疾病，因为，通过比较 X 检验阳性时的两个后验概率 $P(\text{患 K 疾病}|X_+)$ 和 $P(\text{不患 K 疾病}|X_+)$，还是不患病的后验概率更高(91%)，所以，他选择相信后验概率更高的分类。是的，我们在做贝叶斯分类时，采取的正是这样的最大化后验概率策略。

可能有人会有疑问,既然 X 检验为阳性也不能诊断张三患病,那要 X 检验有什么用? 是啊,X 检验本来也不是一个好方法啊。我们在绪论中曾经介绍过,一个能被接受的方法,其性能至少要优于空模型性能。对于疾病发生率 0.1%,即便是对所有人都诊断为不患 K 疾病,准确率也能达到 99.9% 呢,X 检验的 99% 准确率还不如空模型,所以,它本来就不是一个诊断 K 疾病的好方法。事实上,在临床医学上要接受一个诊断指标,必须结合疾病的先验概率,即疾病在考察人群中的发生率,对于那些发生率很小的疾病,对其诊断指标的准确率要求是非常严苛的。

我们再拓展一下。实际临床应用中,如果真的出现了类似例 6-3-1 中这样的情况,医生会怎么做呢? 医生不会立即下结论,而是会再补充进一步的检查。假设还有一个独立的 Y 检验——"独立"的意思是不受 X 检验的影响,用统计学语言来表示,即 $P(X,Y) = P(X)P(Y)$——并提供信息见表 6-3-2。

表 6-3-2 Y 检验 K 疾病的统计表   单位:例

是否患疾病 K	Y 检验阳性	Y 检验阴性
患疾病 K	99	1
不患疾病 K	1	99

你会计算张三在 Y 检验阳性后患 K 疾病的概率吗? 其实原理与例 6-3-1 是一致的,即求

$$P(患 K 疾病 \mid Y_+) = \frac{P(Y_+ \mid 患 K 疾病) \times P(患 K 疾病)}{P(Y_+)} \tag{6-3-3}$$

只不过,这里 K 疾病的先验概率不再是地区的发病率 0.1%,而是之前 X 检验阳性后患 K 疾病的概率(即 9%),所以最后可计算得到张三患 K 疾病的概率

$$P(患 K 疾病 \mid Y_+) = \frac{0.99 \times 9\%}{0.99 \times 9\% + 0.01 \times 91\%} \times 100\% \approx 91\%$$

而不患 K 疾病的概率只有约 9%。

很神奇吧! 表 6-3-1 和表 6-3-2 其实是一模一样的,单独的 Y 检验并不比 X 检验好,但因为 Y 检验是在 X 检验阳性之后做的,K 疾病的先验概率从普通人群中的 0.1% 提升到了 X 检验阳性人群(可称为疑似人群)中的 9%,从而最后 Y 检验阳性后张三的患病概率就进一步提升并远超过不患 K 疾病的概率了。

其实式(6-3-3)的写法严格来说并不规范,由于此时张三已具备了 X 和 Y 两个检验的阳性结果,所以式(6-3-3)等号左边的规范写法应该为 $P(患 K 疾病|Y_+,X_+)$,此时应用贝叶斯定理应该如式

$$P(患 K 疾病 \mid Y_+, X_+) = \frac{P(X_+, Y_+, 患 K 疾病)}{P(X_+, Y_+)}$$

$$= \frac{P(X_+, Y_+ \mid 患 K 疾病) P(患 K 疾病)}{P(X_+, Y_+)} \tag{6-3-4}$$

注意到我们之前说明了 X 和 Y 是相互独立的两个检验,所以式(6-3-3)可进一步改写成

$$P(患 K 疾病 \mid Y_+, X_+) = \frac{P(X_+ \mid 患 K 疾病) P(Y_+ \mid 患 K 疾病) P(患 K 疾病)}{P(X_+) P(Y_+)}$$

$$\tag{6-3-5}$$

注意到式(6-3-5)等号右边的

$$\frac{P(X_+ \mid 患 K 疾病)P(患 K 疾病)}{P(X_+)} = P(患 K 疾病 \mid X_+)$$

所以式(6-3-5)最终化为

$$P(患 K 疾病 \mid Y_+, X_+) = \frac{P(Y_+ \mid 患 K 疾病)P(患 K 疾病 \mid X_+)}{P(Y_+)} \tag{6-3-6}$$

式(6-3-6)就是式(6-3-3)的规范写法。

其实以上就是我们利用两个独立特征(X 和 Y)时的贝叶斯模型。我们还可以把上述推导推广到 m 个独立的特征：对于具备 m 个独立特征的观测值 $\boldsymbol{x} = (x_1, x_2, \cdots, x_m)$，属于第 k 个分类的后验概率记为 $P(C_k \mid \boldsymbol{x}) = P(C_k \mid x_1, x_2, \cdots, x_m)$，此时的贝叶斯公式为

$$P(C_k \mid \boldsymbol{x}) = \frac{P(\boldsymbol{x} \mid C_k)P(C_k)}{P(\boldsymbol{x})} \tag{6-3-7}$$

由于特征间相互独立，式(6-3-7)可以写成

$$\begin{aligned} P(C_k \mid \boldsymbol{x}) &= \frac{P(x_1 \mid C_k)P(x_2 \mid C_k) \cdots P(x_m \mid C_k)P(C_k)}{P(\boldsymbol{x})} \\ &= \frac{P(C_k) \prod\limits_{i=1}^{m} P(x_i \mid C_k)}{P(\boldsymbol{x})} \end{aligned} \tag{6-3-8}$$

当然，我们也可以把式(6-3-8)中的分母应用独立性拆开写成连乘形式 $P(\boldsymbol{x}) = P(x_1, x_2, \cdots, x_n) = P(x_1)P(x_2) \cdots P(x_m)$，但当我们用于分类任务时，无论 k 选几，式(6-3-8)中的分母，即总体中观察到 $\boldsymbol{x}$ 的概率都是不变的，只要选取使分子最大的那一个类别作为我们分类的结果就可以了，即模型输出的类别

$$\hat{y} = \underset{k \in \{1, 2, \cdots, K\}}{\text{argmax}} \ P(C_k) \prod_{i=1}^{m} P(x_i \mid C_k) \tag{6-3-9}$$

所以，朴素贝叶斯分类的关键是计算第 k 类在总体中的先验概率 $P(C_k)$，以及第 k 类中观察到 x_i 的条件概率 $P(x_i \mid C_k)$。

根据 $P(x_i \mid C_k)$ 的不同情况，朴素贝叶斯又有三种不同的模型：高斯模型、多项式模型和伯努利模型。

6.3.2　高斯模型

当特征 $\boldsymbol{x}$ 在每一类中都是服从高斯分布的连续值时，构建的模型称为高斯模型，此时

$$P(x_i = v \mid C_k) = \frac{1}{\sqrt{2\pi\sigma_{k,i}^2}} e^{-\frac{(v - \mu_{k,i})^2}{2\sigma_{k,i}^2}} \tag{6-3-10}$$

sklearn 库中 naive_bayes 模块有 GaussianNB 对象可以构建朴素贝叶斯的高斯模型。我们只要把训练集数据代入模型的 fit 函数，即可完成模型训练。再将待分类的特

征数据代入模型的 predict 函数,就可获得分类的结果。

6.3.3　多项式模型

当特征本身是离散值,$P(x_i|C_k)$ 由直方图给出,x_i 代表第 i 个特征发生的频次时,则构建多项式模型,此时

$$P(\boldsymbol{x} \mid C_k) = \frac{\left(\sum_i x_i\right)!}{\prod\limits_{i=1}^{m} x_i!} \prod_{i=1}^{m} (p_{ki})^{x_i} \qquad (6\text{-}3\text{-}11)$$

其中的 $(p_{k1}, p_{k2}, \cdots, p_{km})$ 可从总体中统计获得。sklearn 库中 naive_bayes 模块的 MultinomialNB 对象是多项式模型。同样,对象中的 fit 函数和 predict 函数分别用来训练和预测。

6.3.4　伯努利模型

当特征 $\boldsymbol{x}$ 是 m 个布尔值序列,即每种特征只有发生($x_i=1$)或不发生($x_i=0$)两种可能,特征 $\boldsymbol{x}$ 发生的概率由伯努利公式,即

$$P(\boldsymbol{x} \mid C_k) = \prod_{i=1}^{n} (p_{ki})^{x_i} (1-p_{ki})^{1-x_i} \qquad (6\text{-}3\text{-}12)$$

给出时,则构建伯努利模型。sklearn 库中 naive_bayes 模块的 BernoulliNB 对象是伯努利模型。

最后,请读者思考这样一个问题:如果要基于鸢尾花的 sepal_length,sepal_width,petal_length,petal_width 这四个特征,构建分类的朴素贝叶斯模型,可以采用上述三种模型中的哪一种? 如果让你基于一系列的字频统计,构建一个垃圾短信的甄别任务,你又会选择哪一种贝叶斯模型?

6.4　分类模型的性能评价

迄今,针对分类任务,我们已经介绍了逻辑回归和朴素贝叶斯至少两种模型,那么,对于分类的性能,我们要如何评价呢? 6.3 节中,通过例 6-3-1 我们再一次体会到,笼统的准确率并不是一个性能评价的好标准,那么具体还有哪些指标可以参考呢?

6.4.1　混淆矩阵

分类问题中的评价指标,多数都可以由混淆矩阵导出。所谓混淆矩阵,是将数据按待分的类别分组后,统计各组中模型分类或预测结果的矩阵。我们以最基本的二分类问

题,俗称为阳性、阴性为例来说明。

我们构建一个两行两列的表格(矩阵)如图 6-4-1 所示,其中行代表模型预测结果,即两行分别对应模型预测阳性和预测阴性;列代表数据的真实类别,即两列分别代表真实阳性和真实阴性。将模型在测试集上的结果填入这个矩阵,即模型预测为阳性且真实也为阳性的数据例数(True Positive,TP)填入第一行第一列,模型预测为阴性真实也为阴性的数据例数(True Negative,TN)填入第二行第二列,依此类推。回忆一下我们在统计建模假设检验(6.1.3 节)中的表 6-1-1(假设检验中的两类错误),可以和混淆矩阵进行类比,图 6-4-1 中的假阴性(False Negative,FN)就对应于表 6-1-1 中的Ⅰ型错误,假阳性(False Positive,FP)则对应于表 6-1-1 中的Ⅱ型错误。

模型分类	真实分类	
	阳性	阴性
阳性	TP(真阳性)	FP(假阳性)
阴性	FN(假阴性)	TN(真阴性)

图 6-4-1　混淆矩阵

可以看出,图 6-4-1 混淆矩阵中 4 个元素之和就是测试集的总数据例数,而对角线上的两个元素 TP 和 TN,就是模型在测试集上作出正确判断的例数。我们最常用的评价参数准确率(accuracy,ACC)就定义为

$$ACC = \frac{TP + TN}{Total} \tag{6-4-1}$$

其中,Total＝TP＋FP＋FN＋TN。如我们之前提起过的,在数据集本身严重有偏的情况下,准确率很容易达到一个看似很高的数值,因此,我们需关注得更细致些。

模型判断为阳性且真实也为阳性的例数,除以数据中所有真实为阳性的例数,也就是矩阵的第一列之和,称为真阳性率(True Positive Rate,TPR),即

$$TPR = \frac{TP}{TP + FN} \tag{6-4-2}$$

又可称为召回率(recall)、敏感性(sensitivity),或检出率;模型判断为阴性且真实也为阴性的例数,除以数据中所有真实为阴性的例数,也就是矩阵第二列之和,称为真阴性率(True Negative Rate,TNR),即

$$TNR = \frac{TN}{FP + TN} \tag{6-4-3}$$

又可称为特异性(specificity,SPC)、选择性(selectivity)。不难看出,TPR 和 TNR 代表了模型在真实分组中将数据检出的能力,都是在 0～1 取值,且越接近 1 越好。

所有判断为阳性的数据,也就是矩阵第一行之和,其中确实为阳性的例数所占比例,称为阳性预测值(Positive Predictive Value,PPV),即

$$PPV = \frac{TP}{TP + FP} \tag{6-4-4}$$

又称精度(precision);所有判断为阴性的数据,也就是矩阵第二行之和,其中确实为阴性的例数所占比例,称为阴性预测值(Negative Predictive Value,NPV),即

$$NPV = \frac{TN}{TN + FN} \tag{6-4-5}$$

不难理解,PPV 和 NPV 这两个指标反映的是模型在其分类的两组中的准确率,也是在 0~1 取值,越高越好。

还有一个常用指标叫 F_1-score,定义为

$$F_1 = \frac{2}{\frac{1}{TPR} + \frac{1}{PPV}} \tag{6-4-6}$$

F_1-score 依然在 0~1 取值,也是越接近 1 代表性能越好。

6.4.2 指标权衡

尽管上述各种指标从定义上来看都是越接近 1 越好,但现实情况中往往不能兼顾。我们不妨借助 6.1.1 节中介绍的概率分布,结合图 6-4-2 的简单线性分类示例来理解。图 6-4-2 中用黑色实线和黑色虚线分别表示两个待分类的类别在预测特征 x 上的真实分布,红色竖实线则代表我们对 x 选取的分类阈值。基于此阈值,我们对 x 落在竖线左侧的数据会判定为阳性(浅棕色区域),而落在右侧的则判定为阴性(水蓝色区域)。显然图中两条概率分布曲线被阈值竖线截断成为 4 段。不难理解,4 段曲线下的面积就分别对应了混淆矩阵中的 TP、FN、TN 和 FP。假设我们为了提高 TP,将阈值向右侧推进(如红色箭头所示),此时,我们会发现阈值右侧虚线下的面积 TN 相应地也变小了。这就是在实际应用中常常会遇到的敏感性提高伴随特异性降低的困境。当然,造成这种困境的原因主要是真实阳性与真实阴性两个类别的分布有重叠,现实情况中这种重叠非常普遍,因此在应用中不能一味追求某个单一指标的最大化,而必须根据实际需求来权衡。有些情况下,我们还会结合具体的应用及专业背景,给出一个可接受的综合评估。例如,在一些医学数据分析的应用中,会以 min(TP,TN),即 TP 和 TN 两个指标中那个更小的值作为总体的性能评价。

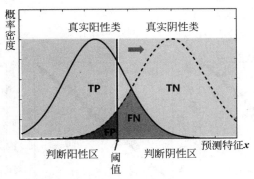

图 6-4-2 以简单线性分类为例的指标权衡

以上虽然是以二分类为例来说明，但推广到多分类任务，各参数的定义是类似的。

6.4.3　应用举例

接下来，仍以鸢尾花数据为例，看看如何基于鸢尾花的长宽尺寸特征，构建贝叶斯分类模型，以及如何评价其性能。

例 6-4-1(a)　以鸢尾花数据预分析。

```python
import pandas as pd
import numpy as np
from sklearn import datasets
from scipy import stats
import matplotlib.pyplot as plt

iris = datasets.load_iris()
plt.figure(figsize = (12,15))


for n in range(4):
    for m in range(3):
        x = (iris.data[m * 50:m * 50 + 50,n] - iris.data[m * 50:m * 50 + 50,n].mean())/ \
        iris.data[m * 50:m * 50 + 50,n].std()
        plt.subplot(4,3,n * 3 + m + 1)
        stats.probplot(x,dist = 'norm',plot = plt)

        plt.text( - 2,2,iris.feature_names[n])
        if n == 0:
            plt.title(iris.target_names[m])
        else:
            plt.title('')

    plt.xlim([ - 2.5,2.5])
    plt.ylim([ - 2.5,2.5])
    plt.plot([ - 2.5,2.5],[ - 2.5,2.5],c = 'g')
```

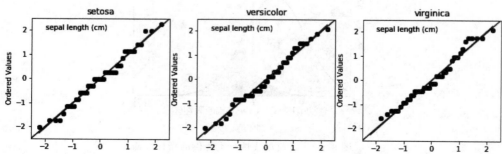

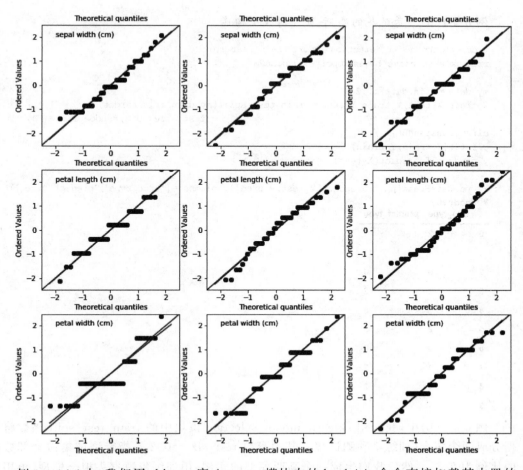

例 6-4-1(a)中,我们用 sklearn 库 datasets 模块中的 load_iris 命令直接加载其内置的 ndarray 结构的鸢尾花数据,这个数据结构中的 data 属性是数据,target 属性是类别标签。

根据 6.3 节对朴素贝叶斯模型的介绍,当特征是服从高斯分布的连续值时,可使用高斯模型。鸢尾花的 4 个特征都是尺寸数据,应该是连续取值的。但是是否服从高斯分布呢? 我们还需要检查一下。如何做呢?

scipy 库 stats 模块中有一个 probplot 函数,可以用来计算数据的百分位点,并生成一幅以指定的概率密度函数的百分位点为横坐标,数据实际的百分位点为纵坐标的散点图。我们就用这个函数来看一看 4 个特征与高斯分布(通过 dist = 'norm'设置)的对比,数据越符合高斯分布,则散点越集中在图中 45°对角线上。输出区的图中,红色线是 probplot 函数对所有散点最小二乘拟合的直线,绿色直线是我们画出的 45°对角线。可以看到,第 1 个和第 2 个特征 sepal length(第 1 行子图)、sepal width(第 2 行子图),与高斯分布吻合得更好些,而第 3 个(第 3 行子图)和第 4 个特征(第 4 行子图)则差一些。如果要使用第 3 和第 4 个特征构建高斯模型,则还需要将它们进行一个分布的变换。为简单起见,接下来我们只采用 sepal length、sepal width 两个特征来构建高斯-贝叶斯模型。

例 6-4-1(b) 鸢尾花的高斯-贝叶斯模型构建。

```
from sklearn.model_selection import train_test_split
from sklearn.naive_bayes import GaussianNB

my_data = iris.data[:,:2]
X_train,X_test,Y_train,Y_test = train_test_split(my_data,iris.target,
                                            test_size = 0.2,random_state = 0)

clf = GaussianNB()
clf.fit(X_train,Y_train)
y_pred = clf.predict(X_test)

Y = pd.DataFrame(np.transpose([Y_test,y_pred]),columns = {'true_type','predict_type'})
Y.head(10)
```

	true_type	predict_type
0	2	1
1	1	1
2	0	0
3	2	2
4	0	0
5	2	2
6	0	0
7	1	2
8	1	2
9	1	1

例 6-4-1(b)中,我们用 sklearn.model_selection 模块中的 train_test_split 函数将数据分成两个集合(训练集和测试集),其中参数 test_size=0.2 是指定测试集占全部数据的比例为 20%。然后我们生成一个高斯模型的实例,用训练集数据去拟合模型,再用拟合好的模型去预测测试集数据,并把测试结果与真实的分类结果打印下来对照检查,如输出区的表所示。

例 6-4-1(c) 鸢尾花数据的高斯-贝叶斯模型性能评价。

```
from sklearn.metrics import confusion_matrix
print(confusion_matrix(Y_test, y_pred))
from sklearn.metrics import classification_report
print(classification_report(Y_test, y_pred))
confusion matrix is:
[[11  0  0]
 [ 0  9  4]
 [ 0  4  2]]
```

	precision	recall	f1-score	support
0	1.00	1.00	1.00	11
1	0.69	0.69	0.69	13
2	0.33	0.33	0.33	6
accuracy			0.73	30
macro avg	0.68	0.68	0.68	30
weighted avg	0.73	0.73	0.73	30

sklearn 库 metrics 模块中的 confusion_matrix 函数,将真实分类结果和模型分类结果作为参数输入可以生成混淆矩阵。或者,更直接地,可以用 sklearn 库 metrics 模块中 classification_report 函数,就能看到精度、召回率、F_1-score、准确率这些指标了。此外,classification_ report 函数输出的 macro avg 指对应参数在所有类别上的平均值,weighted avg 则指对应参数用类别的样本所占比例加权后的平均值。

6.4.4 参数区分性能评价

以上,我们介绍的是对分类模型的分类结果进行评价。对于一些线性二分类情况,还可以就参数的区分性能做专门的评价。在很多应用中,我们会看到以双样本假设检验的 p 值作为一种评价指标,并追求小的 p 值。但是,我们并不认为 p 值是一种好的指标,因为在样本容量足够大的情况下,很容易得到一个足够小的 p 值。实际上常常采用 ROC 曲线的曲线下的面积作为线性分类参数的性能评价。

ROC 曲线,即接受者操作特征曲线(Receiver Operating Characteristic Curve),绘制方法是:对同样的测试集,改变线性划分的阈值,随着阈值的改变,分类的 TPR(敏感性)和 FPR(即 1-特异性)都会随之改变,以 TPR 为纵坐标,FPR 为横坐标,将选取不同阈值的结果在图中以点画出,点连成的曲线就是 ROC 曲线,如图 6-4-3 所示。

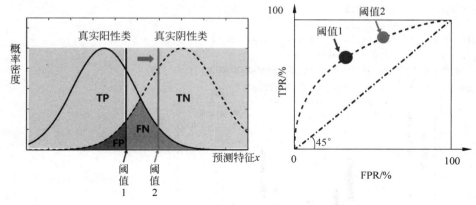

图 6-4-3　ROC 曲线绘制示意图

两个真实类别在预测特征上的分布重叠越少,参数分类性能越好,ROC 曲线越远离 45°对角线;当两个分布完全重叠时,两类别在该预测特征上完全不可分,ROC 曲线退化成 45°对角线。

具体的性能量化指标则可以采用曲线下的面积 AUC(Area Under Curve)。显然 AUC 的取值范围也是 0~1,越靠近 1,说明参数的线性区分性能越好;越靠近 0.5(45°对角线下的面积)就越接近随机划分;小于 0.5 则说明分类倒置,即把阳性和阴性正好划分反了。

实际应用中,我们常常会遇到两类样本数量上完全不平衡的情况,而 ROC 曲线受样本不平衡的影响较其他参数小得多,这也是 ROC 评估参数分类性能的一个重要优势。

例 6-4-2　ROC 应用举例。

```
from sklearn.metrics import roc_curve
from sklearn.metrics import roc_auc_score

my_auc = [ ]

for n in range(4):
    # fpr, tpr, th = roc_curve(iris.target[:100], iris.data[:,n])
    my_auc.append(roc_auc_score(iris.target[:100], iris.data[:100,n]))

print('4 个参数的 ROC_AUC 是', my_auc)

plt.plot(np.ones([50,1]), iris.data[:50,0], 'or')
plt.plot(np.ones([50,1]) + 0.2, iris.data[50:100,0], '*g')

plt.plot(np.ones([50,1]) + 1, iris.data[:50,1], 'or')
plt.plot(np.ones([50,1]) + 1.2, iris.data[50:100,1], '*g')

plt.plot(np.ones([50,1]) + 2, iris.data[:50,2], 'or')
plt.plot(np.ones([50,1]) + 2.2, iris.data[50:100,2], '*g')

plt.plot(np.ones([50,1]) + 3, iris.data[:50,3], 'or')
plt.plot(np.ones([50,1]) + 3.2, iris.data[50:100,3], '*g')

plt.xticks([1,2,3,4], iris.feature_names)
plt.legend(iris.target_names[:2])
```

　　4 个参数的ROC_AUC是 [0.9326, 0.07520000000000002, 1.0, 1.0]

`<matplotlib.legend.Legend at 0x222f96723c8>`

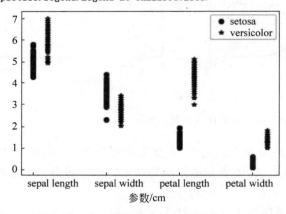

sklearn 库中 metrics 模块的 roc_curve 函数可以生成绘制 ROC 曲线所需的 tpr、fpr 序列,我们只要输入真实的分类标签,以及最终用于线性分类的 score 变量,可以直接是某个特征,也可以是逻辑回归中拟合的概率,或者是其他分类器输出的用来线性二分类的分值。函数 roc_auc_score 则可以直接获得 AUC 的结果。例 6-4-2 中就以鸢尾花数据的 4 个特征分别区分第 1 和第 2 类。从输出区结果可以看到,后两个参数(petal length

和 petal width)的 AUC 都达到了 1(完全线性可分)。也就是说,仅单独用 petal length 或 petal width,就可以完全区分两种不同的鸢尾花。我们尝试把 setosa 和 versicolor 这两类在 4 个特征上的单维散点图画出来,图中可见,在最后两个参数上,两类确实是完全线性可分的。

本节主要介绍了实现分类任务的模型性能评价,即由混淆矩阵导出的一系列指标,并以高斯-贝叶斯模型为例进行了代码实验。同时,还介绍了专门针对参数区分性能评价的 ROC 及其 AUC 指标。需要补充说明的是,具体到各个应用场合,性能评价还需要密切结合专业领域的需求和背景来执行,在一些特定领域,对不同指标的重视程度是不一样的。例如,在特定医学场景下,对敏感性的要求会高于特异性,但对特异性又不能完全不管不顾,此时就需要数据科学家结合领域专家的知识,来构造出最符合需求的复合型指标。

6.5 决策树

决策树是一种既能做回归,又能做分类的模型。

6.5.1 决策树工作原理

我们不妨用判断贷款申请客户风险的例子来简单说明决策树的工作原理。假设我们搜集到的贷款申请客户资料包含两个特征:逻辑型的特征"有无支票账户",数值型的特征"当前欠款总额",根据这两个特征,构建如图 6-5-1 所示的决策树。树上分叉的地方称为"节点",一个节点通常就对应一个特征或属性的判断。树的末梢称为"叶",叶对应的就是我们最终的分类或回归的结果。

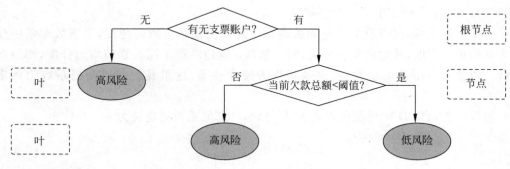

图 6-5-1　一棵简单的决策树

图 6-5-1 的树上,我们以"有无支票账户"作为第一个节点,如果"无",则进入左边分支,直接判断该客户是"高风险";如果"有",则进入右边分支,直到第二个节点。第二个节点的判断是"当前欠款总额<阈值","否"则进入左边分支,判断客户是"高风险";"是"则进入右边分支,判断该客户是"低风险"。

可见,决策树工作原理与编程中的条件分支结构类似,通过对两个特征的条件判断,最后达到各个目标"叶",实现分类任务。这里,特征判断的递进就构成了通常所说的树的深度,两个特征判断递进则树的深度为2。

从图 6-5-1 的决策树结构,我们思考一下还能不能获得一些其他信息。例如,我们用来分类的两个特征中,哪个特征对于分类更重要呢?

有读者认为,"有无支票账户"更重要,因为,只要这个特征取值为"无",就不再做任何其他判断而直接达到分类结果;而仅当这个特征取值为"有"时,特征"当前欠款总额"才会影响分类结果。是这样的! 我们在建立决策树时,遵循的原则正是更重要(更利于分类)的特征放在更前,第一个节点通常称为根节点,也就是最重要的特征。在后续的例题中我们会给出验证。

6.5.2 分类任务决策树的建模过程

在实际应用中,要如何确定采用哪些特征作为节点,以及各节点具体的条件表达式又如何确定呢? 事实上,图 6-5-1 的举例只是建好决策树模型后,对模型应用的过程。而模型建立的过程,则需要利用已经明确知道风险分类的数据,作为训练集来训练、建立模型。

分类任务决策树的建模(训练)遵循如下流程:

(1) 计算数据的纯度;

(2) 选择一个候选划分,并计算划分后数据的纯度;

(3) 对所有的特征重复步骤(2);

(4) 选择使纯度增加最大的特征作为当前的节点,分别对分支计算数据纯度;

(5) 再对剩下的特征重复步骤(2)开始的过程,直至达到停止准则。

停止准则可以是以下三种中的任何一种:① 达到了预先设定的最大树深度;② 所有特征都遍历完;③ 分支下全部数据都属于同一类别。

根据上述流程,可以看出其中的关键在于纯度的衡量。所谓纯度,是指数据集中包含类别的单一程度,越趋向单一类别,纯度越高;越趋向在不同类别间均匀分配,则纯度越低。通常可采用基尼系数、信息熵等作为纯度衡量,这里我们仅以基尼系数为例来说明。

假设在数据集 D 中可能包含共 K 个类别,其基尼系数则定义为

$$\text{Gini}(D) = 1 - \sum_{i=1}^{K} p_i^2 \tag{6-5-1}$$

其中,p_i 代表第 i 类在数据集 D 中出现的概率,可以由 D 中第 i 类个体的个数除以 D 中个体总数来计算。数据集中的数据越纯,即越趋向于更少的类别,基尼系数就越小,当所有数据只属于同一类时,也就是纯度最高时,基尼系数为 0;当所有类别均匀分布时,数据集最不纯,基尼系数会达到最大值 $\frac{K-1}{K}$,例如对于二分类问题,基尼系数的最大值就是 $\frac{1}{2}$。

例 6-5-1(a) 已知某个历史贷款客户数据集中按贷款风险分类的两类客户例数如

表 6-5-1 所示,请计算该数据集的基尼系数。

表 6-5-1 某历史贷款客户数据集的风险分类情况

总数	25
高风险	10
低风险	15

解:

$$\text{Gini(风险分类)} = 1 - \left(\frac{10}{25}\right)^2 - \left(\frac{15}{25}\right)^2 = 0.48$$

例 6-5-1(b) 分别引入特征"有无支票账户"和"婚姻状况",并根据这两个特征分别对数据分组,具体落入每组的客户个数如表 6-5-2 和表 6-5-3 所示,求引入特征后的新的基尼系数。

表 6-5-2 数据集引入"有无支票账户"特征后的风险分类情况

风险	无支票账户	有支票账户
高风险	8	2
低风险	2	13

表 6-5-3 数据集引入"婚姻状况"特征后的风险分类情况

风险	已婚	未婚
高风险	5	5
低风险	7	8

解:首先对表 6-5-2 中的两列分别求基尼系数:

$$\text{Gini(无支票)} = 1 - \left(\frac{8}{10}\right)^2 - \left(\frac{2}{10}\right)^2 = 0.32$$

$$\text{Gini(有支票)} = 1 - \left(\frac{2}{15}\right)^2 - \left(\frac{13}{15}\right)^2 = 0.23$$

此时,在全体数据集 D 上,新的基尼系数由两组的加权平均求得,加权系数就是各组占数据集 D 的比例:

$$\text{Gini(新 1)} = \text{Gini(无支票)}\frac{无支票}{无支票+有支票} + \text{Gini(有支票)}\frac{有支票}{无支票+有支票}$$

$$= 0.27$$

可见引入特征"有无支票账户"以后,数据集 D 上的基尼系数变成了 0.27,比原来的 0.48 减小了,说明数据的纯度提升了。

再对表 6-5-3 用类似的方法求基尼系数:

$$\text{Gini(已婚)} = 1 - \left(\frac{5}{12}\right)^2 - \left(\frac{7}{12}\right)^2 = 0.486$$

$$\text{Gini(未婚)} = 1 - \left(\frac{5}{13}\right)^2 - \left(\frac{8}{13}\right)^2 = 0.473$$

$$\text{Gini}(新\ 2) = \text{Gini}(已婚)\frac{已婚}{已婚+未婚} + \text{Gini}(未婚)\frac{未婚}{已婚+未婚} = 0.48$$

可见,按婚姻状况分组,得到的基尼系数为 0.48,与原来不分组相比,并没有改变。

在例 6-5-1 的情况下,当需要在两个特征中选择一个作为节点时,根据"选择使纯度增加最大的特征为节点"的原则,我们会选择特征"有无支票账户",而不是"婚姻状况"作为第一个节点。

在选择完第一个节点后,根据分支的基尼系数,可以再对剩下的节点搜寻使分支基尼系数下降最多的特征和划分,作为下一级的节点。以此类推,一直到达到事先设定的最大树深度,或者所有的特征都已遍历完,或者分支下数据全部属于同一类,无须再分。

6.5.3 分类决策树应用举例

例 6-5-2 对德国信用数据集利用 sklearn 库构建决策树示例。

```
import pandas as pd
import numpy as np
from scipy import stats
from matplotlib import pyplot as plt

my_data = pd.read_csv("german_credit_data_dataset.csv")#,dtype = str)
print(my_data.info())
print('其中高风险例数为: ',(my_data['customer_type']).sum()-1000)
    <class 'pandas.core.frame.DataFrame'>
    RangeIndex: 1000 entries, 0 to 999
    Data columns (total 21 columns):
    checking_account_status    1000 non-null object
    duration                   1000 non-null int64
    credit_history             1000 non-null object
    purpose                    1000 non-null object
    credit_amount              1000 non-null float64
    savings                    1000 non-null object
    present_employment         1000 non-null object
    installment_rate           1000 non-null float64
    personal                   1000 non-null object
    other_debtors              1000 non-null object
    present_residence          1000 non-null float64
    property                   1000 non-null object
    age                        1000 non-null float64
    other_installment_plans    1000 non-null object
    housing                    1000 non-null object
    existing_credits           1000 non-null float64
    job                        1000 non-null object
    dependents                 1000 non-null int64
    telephone                  1000 non-null object
    foreign_worker             1000 non-null object
    customer_type              1000 non-null int64
    dtypes: float64(5), int64(3), object(13)
    memory usage: 164.1+ KB
    None
    其中高风险例数为:  300
```

　　german_credit_data_dataset 文件中包含贷款客户的信贷风险评估的相关特征,并标注了低风险(custermor_type＝1)和高风险(custermor_type＝2)。按照惯例,我们先调用 DataFrame 结构的 info 函数,对数据集做个初步了解。通过输出区显示可以看到,数据集包含 1000 个用户数据,每个用户 21 个特征,其中最后一个(用户风险类别 custermor_type)可作为目标标签。数据集没有数据缺失现象。通过各个特征的存储数据类型,我们大致可以了解到用 object 存储的都是非数值型特征,可以全部作为类别型特征来处理;用 float64 来存储的全部是数值型特征;用 int64 存储的除了 customer_type 外,也都是数值型特征。再看看数据集中两组类别的占比。大家可以注意一下我们求高风险数据例数的方法,用整数存储类别型特征时,类似的计数方法方便且常用。通过输出区显示可以看到,高风险例数为 300,那么低风险也就是 700 例。

　　这个数据集特征繁多,为使说明简洁清晰,以下我们只用其中的"有无支票账户"(checking_account_status_A14),"当前欠款总额"(credit_amount),"个人性别与婚姻状况"(personal_A91～A94)这几种特征。

```
from sklearn.model_selection import train_test_split
from sklearn.tree import DecisionTreeClassifier

feature_col = ['checking_account_status', 'personal']
X = my_data[['customer_type', 'credit_amount']]
for n, my_str in enumerate(feature_col):
    my_dummy = pd.get_dummies(my_data[[my_str]], prefix = my_str)
    X = pd.concat([X, my_dummy], axis = 1)

XX_feature = ['credit_amount', 'checking_account_status_A14', 'personal_A91',
              'personal_A92', 'personal_A93', 'personal_A94']
XX = X[XX_feature]
Y = X['customer_type']
X_train, X_test, Y_train, Y_test = train_test_split(XX, Y, test_size = 0.2, random_state = 0)

my_tree = DecisionTreeClassifier(max_depth = 3)
my_tree.fit(X_train, Y_train)
print('分类结果为: ', my_tree.predict(X_test), '\n')
print('平均准确率为: ', my_tree.score(X_test, Y_test))
分类结果为: [1 1 1 1 1 1 1 1 1 1 1 1 1 1 1 1 1 1 1 1 1 1 1 1 1 1 1 1 1 1 1 1 1 2 1
 1 1 1 1 1 1 1 1 1 1 1 1 1 1 1 1 2 1 1 1 1 1 1 1 1 1 1 1 1 1 1 1 1
 1 1 1 1 1 1 1 1 1 1 2 1 1 1 1 1 1 1 1 1 1 1 1 1 1 1 1 1 1 1 1 1
 1 1 1 1 1 1 1 1 1 1 1 1 1 1 1 1 1 1 1 1 1 1 1 1 1 1 1 2 1 1 1 1 2 2
 1 1 1 1 1 1 1 1 1 1 1 1 1 1 1 2 1 1 1 1 1 1 1 1 1 1 1 1 1 1 1 1
 1 1 1 1 1 2 1 1 1 1 1 1 1]

平均准确率为:  0.71
```

　　sklearn 库中有 DecisionTreeClassifier 对象可以实现决策树模型。选好特征后,我们构造好训练模型的特征和目标数据,作为 DecisionTreeClassifier 对象实例 my_tree 的 fit 方法参数,运行代码,my_tree 中就是我们训练好的决策树了。我们可以调用方法

predict 来对未训练过的测试集数据进行预测,还可以直接用 score 函数来获取模型在新数据上的预测平均准确率。通过输出区显示可见,这个模型的准确率只有 71%,基本与空模型性能相当,真的算不上好。

```
pd.DataFrame({'feature':XX.columns,'importance':my_tree.feature_importances_})
```

	feature	importance
0	credit_amount	0.314532
1	checking_account_status_A14	0.671787
2	personal_A91	0.013680
3	personal_A92	0.000000
4	personal_A93	0.000000
5	personal_A94	0.000000

我们还可以通过 feature_importances_ 属性来获得所建模型各个特征在分类任务中的重要性。可以看到,这个模型中,"有无支票账户"(checking_account_status_A14)是最重要的特征(重要性约为 0.67),而"个人性别与婚姻状况"(personal_A91~94)则是重要性最低的。

```
from sklearn import tree
import matplotlib.pyplot as plt
plt.figure(figsize = (18,12))
tree.plot_tree(my_tree,fontsize = 12,feature_names = XX.columns,
               class_names = ['Good','Bad'])
plt.savefig('my_tree')
```

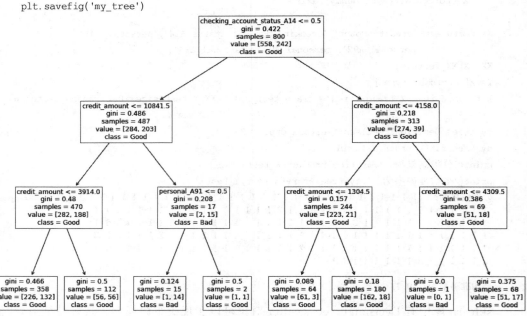

在较新版本的 sklearn 库中,还支持可视化决策树结果。通过 tree.plot_tree 方法,输入训练好的树,就可以看到树结构了。从输出区的图中可以看到,最上方,第一次判断的节点(也称为根节点),正是重要性属性值最大的"有无支票账户"(checking_account_status_A14)特征;而"个人性别和婚姻状况"(personal_A91~94)只有在第3层节点才出现,正吻合了它是对模型分类任务最不重要的特征。事实上,正如本节一开始所说的,决策树从顶向下,各节点的重要性是依次降低的。

从树结构图中还可以看到,每个节点都是一个关于特征的条件判断,或称条件表达式,满足条件就进入左边分支,不满足就进入右边分支,每个分支的基尼系数、包含样本个数和样本中两种类别的例数都在节点方框中给出了。而给这个样本集的标签,是与有更多个体的类别标签保持一致。

例6-5-1以德国信用数据为例介绍了如何利用sklearn库构建和应用分类任务的决策树,并深入理解了决策树的工作原理。从结果来看,这个模型的性能并不好,这首先是由我们选取的模型输入特征不足以完全区分两类数据造成的。所以对于决策树模型,输入特征的选取非常关键。当然,大数据时代特征繁多的情况下,不人工挑选特征,同时放宽最大树深度的限制,也是可以将训练集划分完全的,但这种做法常常带来过拟合而并不可取。实际应用中,我们会采用集成的思想来升级决策树模型,后续的章节会进一步介绍。

本节我们是以分类任务为例来介绍决策树模型的。其实决策树也可以用于回归任务,即输出数值型的结果,主要的区别在于建模过程中不是以基尼系数等纯度指标为划分选择原则,而是以最小化均方根误差(RMSE)为原则的。有兴趣的读者不妨自行拓展一下。

6.6 有监督学习模型与无监督学习模型

迄今,对分类任务我们已经介绍了回归模型、贝叶斯模型和决策树模型。读者是否注意到,这三个模型,我们在建模阶段,也就是调用fit函数时,数据部分都提供了两个参数,一个X,是我们用来做预测的特征;一个Y,也就是我们已知的目标。通常,建模的过程实际上是一个模型参数的调整或确定过程,期间使得给模型输入X以后,其输出尽可能逼近已知的目标Y。至于如何衡量逼近,在回归模型中可以用RMSE、对数似然函数;决策树中,可以用基尼系数等;在贝叶斯模型中,则是要用已知目标的数据来提供似然性。但不管具体的优化目标如何多样,不变的是,这些方法都必须事先给出一些已知的Y,否则,模型就无法建立。对于这一类的方法,我们有一个专门的名称,称为有监督学习(图6-6-1)。

有监督学习模型中,X还常被称为变量或独立变量、特征、输入等,Y则还可被称为响应、目标、标签、依赖变量、输出等。

有监督学习模型建立好后,真正工作时,则调用predict函数来对响应未知的新数据进行回归或分类。所以,有监督学习模型实际上是通过对训练数据的分析,建立了一种从输入特征到输出响应的联系,即$\hat{y} = f(X, \theta)$。例如,我们通过客户是否有支票账户、目前欠款金额,以及性别和婚姻状况,就可以预测他是否是高风险客户。

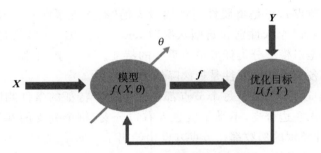

图 6-6-1　有监督学习模型的建模示意图

　　目前数据科学、机器学习领域,主要还是使用有监督学习模型。因为对于有监督学习模型,我们有具体的目标,因此方便对模型作出评价。但是有监督学习模型也有一个问题,就是它需要有标签的数据。训练一个好的模型,往往除了模型本身的因素外,准确的标签也是极为关键的因素,而打标签这个工作目前在很多领域还无法做到自动化,所以标签数据的缺乏,往往成为该类模型的瓶颈。亚马逊旗下极有特色的土耳其机器人网站,就有很多招募人工对数据打标签的工作。所以,从某种意义上来说,现在的人工智能,其实还是离不开人工的。

　　与有监督学习相区别的,还有一类方法,称为无监督学习。在无监督学习模型的建模过程中,并不需要给出目标或响应,而是完全根据输入特征来找出相似的数据,例如通常说的聚类。聚类任务中,由于没有目标,因此不会解释输入输出关系,甚至于模型建好后,即便数据被分为几簇,我们也无法定论说这些簇代表了什么,而只能说这些簇在特征空间里,数据的簇内相似度大于簇间相似度。同时,也没有评价这类模型好坏的客观标准,主要还是靠数据科学家结合了专业领域知识后的理解与解释。此外,可用于特征提取的主成分分析(PCA),也被认为是一种无监督学习模型。

　　由于无监督学习模型不要求标签数据,所以在一些没有明显响应变量的应用场合,或者说我们并不明确知道要预测什么时,就会考虑无监督学习模型。此外,如果想从无明显模式的数据中寻找出模式,或者想做特征提取,使本来看起来杂乱的数据被更清晰地描述与展示,都可以用无监督学习模型。

6.7　*K*-means 模型

　　本节介绍的 *K*-means 模型,就属于实现聚类任务的无监督学习模型。

6.7.1　两个基本概念

　　簇,是指一组相似的数据。我们不妨把数据放到空间中来理解。结构化数据中的特征,可以看成是一系列的坐标轴,比如数据有两个特征,可以一个作为横轴,一个作为纵轴,这样构造出一个二维特征平面(图 6-7-1);如果有 n 个特征,就可以构造出 n 维特征空间。每个数据都是空间中以其具体特征取值为坐标的点。这样,数据就被当成特征空间中的点来对待了。相似的定义可以有多种,例如比较常用的,是用点与点在特征空间中的距离来衡量。这时,相似的数据体现为特征空间中更相互靠近的点。例如图 6-7-1 中所展示的,我们的视觉会直观地认为图中的数据,也就是点,形成了 4 个不同的簇。

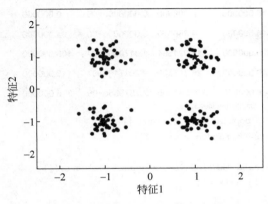

图 6-7-1　特征空间中的簇示意图

每个簇中的点虽靠近却又都各不相同。那么,各个簇由谁来代表呢? 由此引入簇中心的概念。簇中心,可以理解为簇中所有点的平均,例如图 6-7-1 中用红星标出的就是 4 个簇的簇中心。

6.7.2　K-means 迭代算法

找到 K 个簇的 K-means 算法可归纳为以下 4 步:

(1) 选择 K 个初始的簇中心点;

(2) 遍历所有的点,把每个点分配到离它最近的那个簇;

(3) 重新计算簇中心;

(4) 重复步骤(2)和(3),直到达到了停止准则。

常用的停止准则可以是以下三种中的任一种:①被重新分配类别的例数少于预设阈值;②簇中心的变化小于预设阈值;③迭代次数达到了预设阈值。

scikit-learn 中有现成的 K-means 对象可以实现 K-means 聚类。我们以一个电影数据示例来说明。

例 6-7-1　K-means 聚类举例。

```
import numpy as np
import pandas as pd
from scipy import stats
from matplotlib import pyplot as plt
```

```
my_data = pd.read_csv('tmdb_5000_movies.csv')
my_data.describe()
```

	budget	id	popularity	revenue	runtime	vote_average	vote_count
count	4.803000e+03	4803.000000	4803.000000	4.803000e+03	4801.000000	4803.000000	4803.000000
mean	2.904504e+07	57165.484281	21.492301	8.226064e+07	106.875859	6.092172	690.217989
std	4.072239e+07	88694.614033	31.816650	1.628571e+08	22.611935	1.194612	1234.585891
min	0.000000e+00	5.000000	0.000000	0.000000e+00	0.000000	0.000000	0.000000
25%	7.900000e+05	9014.500000	4.668070	0.000000e+00	94.000000	5.600000	54.000000
50%	1.500000e+07	14629.000000	12.921594	1.917000e+07	103.000000	6.200000	235.000000
75%	4.000000e+07	58610.500000	28.313505	9.291719e+07	118.000000	6.800000	737.000000
max	3.800000e+08	459488.000000	875.581305	2.787965e+09	338.000000	10.000000	13752.000000

```
from sklearn.cluster import KMeans
X = my_data[['budget','popularity','revenue']]
km = KMeans(n_clusters = 3, random_state = 1)
km.fit(X)
my_cl = pd.DataFrame(data = km.labels_, columns = ['cluster'])
X = pd.concat([X, my_cl], axis = 1)
X.head(5)
```

	budget	popularity	revenue	cluster
0	237000000	150.437577	2787965087	2
1	300000000	139.082615	961000000	2
2	245000000	107.376788	880674609	2
3	250000000	112.312950	1084939099	2
4	260000000	43.926995	284139100	0

```
X.groupby('cluster').mean()
```

cluster	budget	popularity	revenue
0	7.318659e+07	45.302377	2.566544e+08
1	1.721542e+07	14.292629	2.707764e+07
2	1.496765e+08	110.824122	8.091626e+08

```
x = X['budget']
y = X['popularity']
z = X['revenue']
colors = list()
palette = {0:"red",1:"green",2:"blue"}        #字典,给三种类别对应颜色
for n,row in enumerate(X['cluster']):          #根据类别为每个样本设置绘图颜色
    colors.append(palette[X['cluster'][n]])#

fig = plt.figure(figsize = (12,10))
ax = fig.gca(projection = '3d')
ax.scatter(x,y,z,color = colors)
ax.set_xlim(0,2e8)
ax.set_zlim(0,1e9)
ax.set_xlabel('budget',size = 15)
```

```
ax.set_ylabel('popularity',size = 15)
ax.set_zlabel('revenue',size = 15)
```

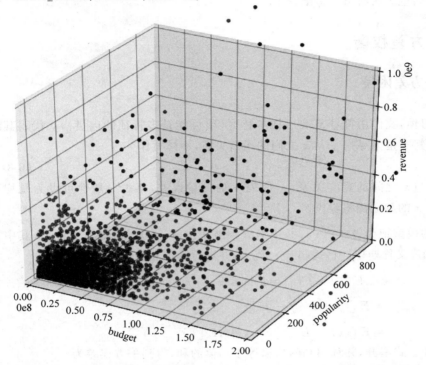

例 6-7-1 中分析的电影数据文件中包含约 5000 部电影的结构化数据,其中有很多非数值型的特征,我们这里不做讨论。我们读入数据后,就获得了一个 Pandas 的数据框,调用数据框内置的 describe 方法,可以获得其中数值型特征的基本统计。可以看到,数值特征主要有"budget""revenue""popularity"等。我们以"预算""收益""受欢迎程度"三个特征作为聚类分析的特征。

我们创建一个 sklearn. cluster 中定义的 K-means 对象,指定聚类类别数为 3。然后,调用 K-means 对象中的 fit 方法。可以看到,这里的 fit 调用,我们只输入了一个 X 参数,与前面的有监督学习模型都不同。

fit 方法执行完后,会将聚类后各样本的类别标签保存在 K-means 对象的 labels_ 属性中。我们可以尝试把聚类的结果展示出来。还可以根据聚类得到的标签对数据进行分组统计,例如求各组平均。

最后,尝试一下图形化展示聚类的结果,以验证之前说的对特征空间的理解。从最后的输出区图中可以看到,在"budget""popularity"和"revenue"这三个特征构成的三维特征空间中,数据点确实被聚类成了三个类别,同一个类别的数据,图中用同一种颜色来表示,确实在空间中相互靠近,而不同类别的数据,则距离更远。所以,也可以说不同的类别占据了特征空间中的不同位置。

至于对聚类结果的解释,可以说蓝色类对应的是要么很受欢迎,要么收益好的电影,绿色对应受欢迎程度和收益都很差的电影,而红色则居于两类之间。此外,当没有新的信息加入时,我们也无法给出更多结论了。

6.8　偏差-方差权衡

6.8.1　偏差-方差困境

按之前的习惯,我们用符号 x 表示样本特征(很可能是多特征的向量),y 代表其给定的响应,建模其实是为寻找 y 与 x 之间的函数关系,不妨写作

$$y = f(x) + \varepsilon \qquad (6\text{-}8\text{-}1)$$

其中,f 代表 y 与 x 之间的真实关系;ε 代表 y 的测量误差,不失一般性可设为是均值 $\mu = 0$,标准差为 σ 的独立随机噪声。

我们建立的模型记为 $\hat{y} = \hat{f}(x)$,并用平方误差 $E[(y - \hat{f})^2]$ 衡量模型性能,其中算符 E 代表求均值,又称期望。将式(6-8-1)代入,并进行凑项和整理,得到

$$E[(y - \hat{f})^2] = E[(f + \varepsilon - \hat{f})^2]$$
$$= E[(f + \varepsilon - \hat{f} + E[\hat{f}] - E[\hat{f}])^2]$$
$$= E[((f - E[\hat{f}]) + \varepsilon + (E[\hat{f}] - \hat{f}))^2]$$

应用完全平方和公式展开,并利用和的均值等于均值的和,得到平方误差为

$$E[(f - E[\hat{f}])^2] + E[\varepsilon^2] + E[(E[\hat{f}] - \hat{f})^2]$$
$$+ 2E[(f - E[\hat{f}])\varepsilon] + 2E[(E[\hat{f}] - \hat{f})\varepsilon]$$
$$+ 2E[(f - E[\hat{f}])(E[\hat{f}] - \hat{f})] \qquad (6\text{-}8\text{-}2)$$

我们先来关注式(6-8-2)中的交叉乘积项。要注意到,测量误差 ε 是均值为 0 的独立(与模型无关)随机噪声,所以,凡是有 $E(\varepsilon)$ 出现在乘积中的,都会有乘积结果为 0,即

$$2E[(f - E[\hat{f}])\varepsilon] = 2E[(f - E[\hat{f}])]E[\varepsilon] = 0,$$
$$2E[(E[\hat{f}] - \hat{f})\varepsilon] = 2E[(E[\hat{f}] - \hat{f})]E[\varepsilon] = 0$$

这样,式(6-8-2)中交叉项的前两项就都为 0 了。第 3 项交叉项 $2E[(f - E[\hat{f}])(E[\hat{f}] - \hat{f})]$ 中,第一个因子 $(f - E[\hat{f}])$ 本身就是确定的,所以可以提取到求均值运算之外,只剩下对第二个因子求均值 $E[(E[\hat{f}] - \hat{f})]$。前面曾经介绍过,统计均值是对均值的无偏估计,写成数学表达式,正是 $E[(E[\hat{f}] - \hat{f})] = 0$。因此,第二个因子为 0,这样,第 3 个交叉项

$$2E[(f - E[\hat{f}])(E[\hat{f}] - \hat{f})] = 2(f - E[\hat{f}])E[(E[\hat{f}] - \hat{f})] = 0$$

至此,模型的平方误差(6-8-2)就只剩下了三项非交叉项

$$E\left[(f-E[\hat{f}])^2\right]+E[\epsilon^2]+E\left[(E[\hat{f}]-\hat{f})^2\right] \tag{6-8-3}$$

我们逐个检查一下：

第一项，$E\left[(f-E[\hat{f}])^2\right]$，显然括号内本身是确定的，均值算符可以直接拿掉，所以第一项就等于真实模型与模型均值之差的平方。我们给它一个专门的名称，叫做偏差，记作

$$\text{bias}^2=(f-E[\hat{f}])^2 \tag{6-8-4}$$

第二项，$E[\epsilon^2]$，不要忘记 ϵ 是均值为 0 的随机变量，所以第二项其实就是噪声 ϵ 的方差，即

$$\text{Var}(\epsilon)=E[\epsilon^2]=\sigma^2 \tag{6-8-5}$$

第三项，$E\left[(E[\hat{f}]-\hat{f})^2\right]$，这是一个典型的方差定义式，所以就是模型的方差，记作

$$\text{Var}(\hat{f})=E\left[(E[\hat{f}]-\hat{f})^2\right] \tag{6-8-6}$$

于是，反映模型性能的平方误差，最终由偏差、模型方差和噪声方差三个因素来决定了，即

$$E\left[(y-\hat{f})^2\right]=(\text{Bias}(\hat{f}))^2+\text{Var}(\hat{f})+\sigma^2 \tag{6-8-7}$$

其中噪声方差是独立因素，这里先不做讨论。我们主要关注偏差和模型方差这两部分。

根据式(6-8-4)，偏差是模型输出均值与真实值之间的差异，所以，偏差的计算一定需要有标签数据，也就意味着主要是在有监督学习模型的建模阶段讨论的。偏差是所建立模型在建模数据上的精确性的一种衡量：低的偏差意味着更高的精确性，高的偏差则意味着低的精确性。那么，自然地，我们建模时会追求低偏差。

根据式(6-8-6)，模型方差反映的是模型应用于不同数据时，模型的变异性大小，或者说，模型的泛化能力。我们总是希望模型在不同的场合都有着稳定的性能，变异性要小，泛化能力要足够好。

如果偏差和方差是两个独立因素，那么，不管任何场合，我们只管追求两个因素都尽可能小就可以了。然而遗憾的是，我们之前的推导中，并没有能证明两者之间的独立性。恰恰相反，现实情况中，偏差与方差总是有着一定的矛盾性，如果追求低偏差，往往就得到高的方差，要追求低方差，则常常偏差又会很大。这就是偏差-方差困境。

我们以一个具体的线性回归的例子来说明。

例 6-8-1 *偏差-方差困境举例。*

```
import pandas as pd
import numpy as np
from matplotlib import pyplot as plt
import seaborn as sns
% matplotlib inline
```

```
df = pd.read_csv('iris.csv', header = None,
                 names = ['sepal_length', 'sepal_width',
                          'petal_length', 'petal_width', 'target'])
my_data = df[['sepal_length', 'sepal_width']].iloc[:50]
sns.lmplot(x = 'sepal_length', y = 'sepal_width', data = my_data, ci = None)  # order 默认 1
```

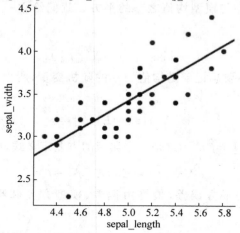

```
my_data['sample'] = np.random.randint(1, 3, len(my_data))
my_data.head()
```

	sepal_length	sepal_width	sample
0	5.1	3.5	1
1	4.9	3.0	2
2	4.7	3.2	1
3	4.6	3.1	1
4	5.0	3.6	1

```
sns.lmplot(x = 'sepal_length', y = 'sepal_width', data = my_data, ci = None, hue = 'sample')
```

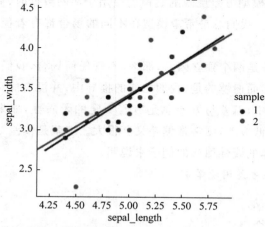

```
sns.lmplot(x = 'sepal_length', y = 'sepal_width',
           data = my_data, ci = None, hue = 'sample', order = 6)
plt.ylim(2.5, 4.5)
```

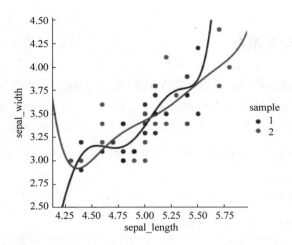

例 6-8-1 中,我们尝试用鸢尾花数据的 sepal_length 来对 sepal_width 做回归。这里,考虑到鸢尾花数据包含三种不同类别,我们只用其中第一个类别,即前 50 个数据来举例。

程序中使用了 seaborn 库中的 lmplot 函数,这个函数在回归的同时,还会把样本散点图及回归线画出来。

我们使用的 50 个数据都是同一类的,但是我们假设给它们打上了标签,随机分为两类,然后对这两类分别做线性回归,图中不同的颜色就代表了不同的随机标签。从输出区的图中可以看出,尽管数据间有个体差异,但两个线性回归函数之间的差异并不大。这与真实情况,即两类数据其实是来源于同一分布是吻合的。但是,模型在训练集的偏差是较大的,图中体现为大部分的点都远离它们的回归线。

如果不做线性回归,把设置回归的阶数 order＝6 呢?通过输出区的结果图,可以看到两条曲线都更加迎合各自散点所在的位置,训练集上的偏差似乎变小了。但是,两条回归曲线却呈现出很大的差异,例如,对于 sepal_length 小于 4.3 的那些点,两个模型预测的 sepal_width 会南辕北辙。然而,事实上,两组样本来源于同一分布,仅仅是采样的不同就导致了模型的巨大区别,显然这样的模型对数据过于敏感,变异性太大,泛化性是很差的。

这体现的就是偏差-方差困境。为什么会这样呢?我们不妨从两个方面来理解出现偏差-方差困境的原因:

(1)纯从数学的角度,无法证明偏差与方差是两个相互独立的因素,所以,就不能排除两者间的联动变化。

(2)从现实的角度,不要忘记,实际应用中我们获得的数据总是有测量误差的。当我们一味追求训练集数据上的低偏差时,相当于作出了数据不包含噪声的假设,从而把噪声部分也拟合到模型中去了。所以,当我们面临新数据时,不同的噪声成分势必带来模型输出的较大波动,也就是模型的变异性大,泛化能力差。

6.8.2 过拟合与欠拟合

偏差-方差困境带来的直接后果就是我们通常所说的过拟合与欠拟合。接下来的这个例子,让我们通过具体指标来体会一下。

例 6-8-2 过拟合与欠拟合举例。

```python
from sklearn.model_selection import train_test_split
import numpy as np
import pandas as pd
from matplotlib import pyplot as plt

df = pd.read_csv('iris.csv', header = None,
                 names = ['sepal_length', 'sepal_width', 'petal_length',
                          'petal_width', 'target'])
my_data = df[['sepal_length', 'sepal_width']].iloc[:50]

def rmse(x, y, coefs):          #注意,自定义函数的语法
    yfit = np.polyval(coefs, x)
    rmse = np.sqrt(np.mean((y - yfit) ** 2))
    return rmse

xtrain, xtest, ytrain, ytest = train_test_split(my_data['sepal_length'],
                                                my_data['sepal_width'],
                                                test_size = 0.5)

train_err = []
validation_err = []
degrees = range(1, 8)

for i, d in enumerate(degrees):
    p = np.polyfit(xtrain, ytrain, d)
    train_err.append(rmse(xtrain, ytrain, p))
    validation_err.append(rmse(xtest, ytest, p))

fig, ax = plt.subplots()
ax.plot(degrees, validation_err, lw = 2, label = 'testing error')
ax.plot(degrees, train_err, lw = 2, label = 'training error')

ax.legend(loc = 0)
ax.set_xlabel('degree of polynomial')
ax.set_ylabel('RMSE')
```

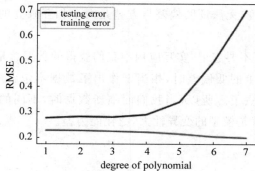

例 6-8-2 中用 RMSE 作为模型性能的衡量。根据 RMSE 的数学定义,用 def 自定义一个计算多项式拟合的 RMSE 的函数。这个自定义 rmse() 函数中,三个输入参数分别是:预测变量、真实响应和多项式系数。函数中,先根据输入的预测变量和多项式系数求出模型的响应,这里多项式求值用的是 numpy 库中的 polyval 函数;然后,根据模型响应与真实响应的差别,求出 RMSE。

依然采用鸢尾花的前 50 个样本,特征选取也还是 sepal_length 和 sepal_width,sepal_length 作为独立变量,sepal_width 作为响应。与例 6-8-1 不同的是,我们采用 train_test_split 把 50 个数据随机划分,一半作训练集,一半作测试集。然后,依次构造阶数 1~7 的多项式模型,对训练集数据做多项式拟合,在拟合出的模型结果上,分别计算训练集和测试集的 RMSE。其中,多项式拟合用的是 numpy 库中的 polyfit 函数,输入参数中指定独立变量、真实响应和多项式阶数,就可以获得多项式系数了,而且这个系数是支持在 polyval 函数中直接使用的。最后,把不同阶次模型的训练集 RMSE 和测试集 RMSE 在同一张图中画下来。图中,以模型阶次为横轴、RMSE 为纵轴,黄色折线代表训练集 RMSE,蓝色折线代表测试集 RMSE。

从输出区结果的图中可以看到,黄色的线,也就是训练集 RMSE,随着模型阶次的升高,呈现略微下降的趋势;然而蓝色的线,也就是测试集 RMSE,在模型阶次到 5 以后,则大幅上升。

这实际上是偏差-方差困境的极端情况。建模过程中,也就是在训练集上一味提高模型复杂度来追求低偏差,模型面临有差异的数据时,例如这里的测试集,性能反而大大下降。这种在训练集上性能很好,但在测试集上性能下降严重、泛化能力差的极端现象,一般称为"过拟合"。与过拟合相对,模型过于简单,尽管稳定却即使在训练集上偏差也过大的现象,称为"欠拟合"。

那么过拟合与欠拟合的问题如何解决呢?一般而言,对于欠拟合的模型,可以增加模型的复杂程度,增加特征也就是独立变量的个数;而对于过拟合的模型,可尝试适当降低模型复杂程度,或者,如果条件允许还应考虑增加样本容量。

过拟合与欠拟合其实依然反映的是偏差-方差权衡的问题。有监督学习模型中的总误差、偏差项、方差项,我们不妨用图 6-8-1 来示意。由图中可以看到,随着模型复杂度的升高,模型的偏差项会变小,但是方差项会升高。但一般而言会存在一个最优点,使得两者达到一定折中,总误差最小。所谓的偏差-方差权衡,就是要找到这

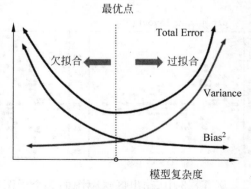

图 6-8-1 偏差-方差权衡示意图

个最优点。

6.8.3 *K*-折交叉验证

在介绍具体权衡方法之前,还需要先介绍在偏差-方差困境中如何评价模型? 或者说,既然知道了模型有可能在新数据上表现得与建模时性能不一样,那么要如何更客观地评价模型的性能呢? *K*-折交叉验证就是一种常用的策略。

K-折交叉验证的步骤:

①将已知真实响应的数据,随机地划分成 k 等份;②采用其中一份作为测试集,剩下的 $k-1$ 份作为训练集,训练模型,并在测试集上评价模型性能;③换一份作为测试集,重复第②步,直到所有的数据都当过测试集;④做完 k 次训练+测试后,将 k 次的模型评价参数求平均,作为模型的总体性能。

我们用图来帮助理解 *K*-折交叉验证中数据的划分。

例 6-8-3 *K*-折交叉验证中的数据划分。

```python
import pandas as pd
from matplotlib import pyplot as plt
from sklearn.model_selection import KFold
df = pd.read_csv('iris.csv', header = None,
                names = ['sepal_length', 'sepal_width', 'petal_length',
                         'petal_width', 'target'])
my_data = df[['sepal_length', 'sepal_width']]

nfolds = 3
fig, axes = plt.subplots(1, nfolds, figsize = (14, 4))
kf = KFold(n_splits = nfolds)
i = 0

for training, validation in kf.split(my_data):
    x, y = my_data.iloc[training]['sepal_length'], df.iloc[training]['sepal_width']
    axes[i].plot(x, y, 'ro')
    x, y = my_data.iloc[validation]['sepal_length'], df.iloc[validation]['sepal_width']
    axes[i].plot(x, y, 'bo')
    i = i + 1
plt.tight_layout()
```

例 6-8-3 中,输出区这幅图的 3 个子图中所包含的数据集是完全一样的,都是 150 个鸢尾花以 sepal_length 和 sepal_width 分别为横轴、纵轴的散点图。每一幅子图都代表一次模型训练＋验证时的数据划分,其中红色的点是训练集数据,蓝色的点则是测试集数据。所以,3-折交叉验证正好对应于 3 幅不同的子图。可以看到,每一个数据(图中的点)都在 3 幅图中有 2 次红色,也就是训练模型的机会;1 次蓝色,也就是测试模型的机会。

理解了其中的数据划分意义,再来看一个具体的例子。sklearn 库中的 model_selection 模块有 cross_val_score 函数,可以实现 K-折交叉验证。

例 6-8-4 K-折交叉验证应用举例。

```python
import pandas as pd
from matplotlib import pyplot as plt
from sklearn.model_selection import KFold
from sklearn.model_selection import cross_val_score,train_test_split
from sklearn.neighbors import KNeighborsClassifier
my_class = []
for n in range(150):
    if n < 50:
        my_class.append(1)
    elif n < 100:
        my_class.append(2)
    else:
        my_class.append(3)

my_data = pd.read_csv('iris.csv',header = None,
                names = ['sepal_length','sepal_width','petal_length',
                        'petal_width','target'])

knn1 = KNeighborsClassifier(n_neighbors = 1)
knn2 = KNeighborsClassifier(n_neighbors = 1)

knn1.fit(my_data[['sepal_length','sepal_width']],my_class) #全部数据用来训练
print('训练集测试集相同时,模型的性能得分是: ',
      knn1.score(my_data[['sepal_length','sepal_width']],my_class)) #训练集上评价性能

print('\n')
scores = cross_val_score(knn2,my_data[['sepal_length','sepal_width']],
                        my_class,cv = 5,scoring = 'accuracy') #交叉验证
print('5 折交叉验证时,模型的性能平均得分是: ',scores.mean())
```

训练集测试集相同时, 模型的性能得分是: 0.9266666666666666

5折交叉验证时, 模型的性能平均得分是: 0.7266666666666667

例 6-8-4 对 150 个鸢尾花数据建立 K-近邻点(K-nearest neighbor,K-NN)模型。简单来说,K-NN 就是用距离样本最近的 K 个数据(即近邻点)的响应作为数据的响应。sklearn 库 neighbors 模块的 KNeighborsClassifier 对象可以直接拿来创建 K-NN 模型。我们分别创建两个 KNeighborsClassifier 的模型,一个用全部的数据来训练,然后就用同一批建模数据来测试所得模型的性能。可以看到,这时模型的 accuracy(精确度)接近

0.93 分,还是相当高的。这不难理解,因为所有的数据模型都学习过了,模型"记住"了该数据,所以再见面时认出它给出准确的分类是不难的。但是,当我们使用 5 折交叉验证来训练模型后,5 次下来的平均 accuracy 只有 0.73,远远低于之前的成绩。尽管如此,由于在交叉验证中,我们用的是模型没有见过的数据来测试模型的,5 次重复下来,对模型的性能评价要比第一个模型客观、公正得多。因为我们在真正应用模型时,由于采样差异和测量噪声的客观存在,很难遇到与训练数据一模一样的情况。

本节介绍了偏差-方差困境以及极端情况时的过拟合或欠拟合,还介绍了用 K-折交叉验证的方法实现对模型的客观评价,避免被训练集上的过拟合蒙蔽双眼。

6.9　参数的网格搜索

由于偏差-方差困境,我们必须协调考虑模型在训练集上的精确度和面临新数据时的泛化能力,以避免过拟合和欠拟合的极端情况,这个协调考虑其实就是一个调参的过程。在同样的有标签数据集前提下,K-折交叉验证相比用全部数据来建模并用同样数据来评价更为公平客观,所以,调参的过程中,就可以引入 K-折交叉验证的方法。

例 6-9-1(a)　一个 for 循环搜索 K-NN 中最佳近邻数的举例。

```python
import numpy as np
import pandas as pd
from matplotlib import pyplot as plt
from sklearn.neighbors import KNeighborsClassifier
from sklearn.model_selection import cross_val_score

df = pd.read_csv('iris.csv', header = None,
                 names = ['sepal_length', 'sepal_width', 'petal_length',
                          'petal_width', 'target'])
my_data = df[['sepal_length', 'sepal_width']]

my_class = []
for n in range(150):
    if n < 50:
        my_class.append(1)
    elif n < 100:
        my_class.append(2)
    else:
        my_class.append(3)

k_range = range(1, 30)
errors = []
for k in k_range:
    knn = KNeighborsClassifier(n_neighbors = k)
    scores = cross_val_score(knn, df[['sepal_length', 'sepal_width']],
                             my_class, cv = 5, scoring = 'accuracy')
    accuracy = np.mean(scores)
```

```
    error = 1 - accuracy
    errors.append(error)

plt.figure()
plt.plot(k_range,errors) #从图看 K-NN 中近邻数对 error 的影响
plt.xlabel('k')
plt.ylabel('error rates')
```

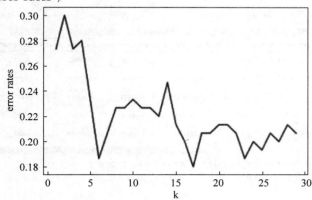

例 6-9-1(a)是在例 6-8-4 的基础上,尝试改变参数 k(也就是近邻点数目)来考察 k 对于模型性能的影响。具体地,是建立一个以 k 为循环变量的 for 循环,在循环体中,先实现 K-NN 模型以循环变量 k 作为近邻数的模型初始化,然后用 cross_val_score 函数实现 K-折交叉验证,并求出模型的平均性能得分。这里选取分类出错率,即 1-accuracy,作为评价指标。循环完成后,我们把出错率指标随着近邻数 k 的变化情况画出来。

通过输出区的结果图可以看到,随着近邻数 k 的增加,出错率一开始呈整体下降趋势,到大于或等于 7 以后,又呈现出一定的振荡和反复。

例 6-9-1(a)给了我们一个很好的提示,如果把我们关心的模型性能指标随着参数变化的情况记录下来,不是就可以尝试寻找模型的最佳参数了吗?例如,这个例子中的 $k=6$ 就是一个合适选择。是的,这其实就是调参过程中的核心思想。

除了我们自己构建 for 循环来实现参数的遍历搜索外,sklearn 库的 model_selection 模块中还有现成的交叉验证网格搜索函数 GridSearchCV,非常好用。

例 6-9-1(b) GridSearchCV 应用举例。

```
from sklearn.model_selection import GridSearchCV

knn = KNeighborsClassifier()
k_range = range(1,30)
param_grid = dict(n_neighbors = k_range)
grid = GridSearchCV(knn, param_grid, cv = 5, scoring = 'accuracy')
grid.fit(my_data[['sepal_length','sepal_width']],my_class)
pd.DataFrame(grid.cv_results_).head(5)
```

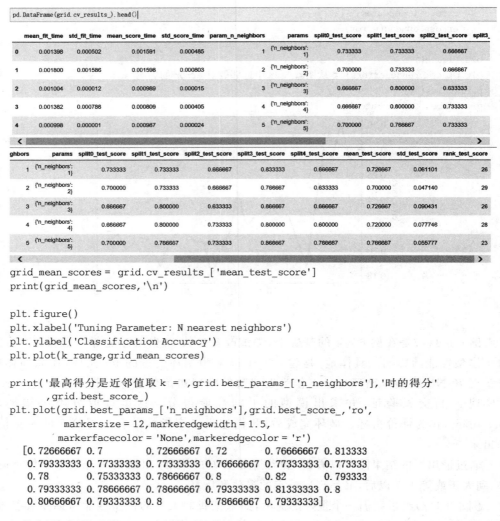

```
grid_mean_scores = grid.cv_results_['mean_test_score']
print(grid_mean_scores,'\n')

plt.figure()
plt.xlabel('Tuning Parameter: N nearest neighbors')
plt.ylabel('Classification Accuracy')
plt.plot(k_range,grid_mean_scores)

print('最高得分是近邻值取 k = ',grid.best_params_['n_neighbors'],'时的得分'
        ,grid.best_score_)
plt.plot(grid.best_params_['n_neighbors'],grid.best_score_,'ro',
        markersize = 12,markeredgewidth = 1.5,
        markerfacecolor = 'None',markeredgecolor = 'r')
  [0.72666667 0.7        0.72666667 0.72       0.76666667 0.813333
  0.79333333 0.77333333 0.77333333 0.76666667 0.77333333 0.773333
  0.78       0.75333333 0.78666667 0.8        0.82       0.793333
  0.79333333 0.78666667 0.78666667 0.79333333 0.81333333 0.8
  0.80666667 0.79333333 0.8        0.78666667 0.79333333]
```

   最高得分是近邻值取k = 17 时的得分 0.82

```
[<matplotlib.lines.Line2D at 0x2042e7b5518>]
```

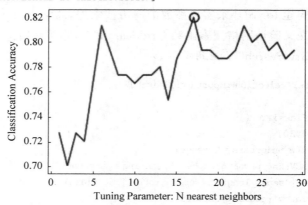

例 6-9-1(b)是在例 6-9-1(a)的基础之上,依然针对鸢尾花数据的 K-NN 模型,构造 GridSearchCV 对象,指明模型是 K-NN,参数网格是一个字典型的数据结构,包含参数方案关键字和具体的参数取值列表。这里只有一个 n_neighbors 参数,但是根据模型及研究问题的不同,可以对多个参数进行排列组合式搜索,只要用多个字典结构来指定即可。参数 cv 指定了交叉检验的折数,scoring 参数则指定了评价模型的指标。调用 GridSearchCV 对象的 fit 方法,就可以完成网格参数组合下的建模及结果评价了。

我们可以通过查看 grid. cv_results_属性,来了解网格搜索建模的具体情况,包括对应参数组合下,各次训练测试集划分时的评价指标得分、每种参数组合下的平均得分等。这里,我们主要关心每种参数设置下的平均测试集得分,因此用关键字 mean_test_score 把 grid. cv_results_字典属性中对应的值调出来,就可以看到在每种近邻值选取时的网络性能了。模仿例 6-9-1(a)的做法,依然可以画出平均得分随近邻值变化的折线。还可以直接通过属性 grid. best_score_和 best_params_找到程序得到的最高分及对应的参数,这里,除了在屏幕打印,还在折线图上把这个点用红色圈出。

需要说明的是,程序自动搜索的最佳参数是 $k=17$,而并非之前选择的 $k=6$。这是因为 GridSearchCV 对象只考虑了 score 的大小,k 取 17 时,准确率得分确实是略高于 k 取 6 的,这与我们自己用 for 循环搜索时的结果其实是一致的。但是考虑到 k 取 17 时已处于振荡区,同时相对于每类 50 的样本容量,17 个近邻未免太多,所以这里推荐取 6。在实际应用中,我们一般也会结合折线趋势来做选择。此外,在一些与计算资源消耗密切相关的参数选择时,还要考虑到提高性能得分的资源代价。如果性能只是略微提升,而时间消耗或内存消耗却大大增加时,我们一般也会放弃那个绝对性能得分最高的选择,而采用得分与资源消耗综合最优的选择。所以,现有的库函数提供了很多自动化的计算,但是,真正的选择还是要结合实际情况来决定。

最后,我们来试验一下对多个参数做网格参数搜索。

例 6-9-1(c) 多参数网格搜索。

```
knn = KNeighborsClassifier()

k_range = range(1,30)
algorithm_opt = ['kd_tree','ball_tree']
p_range = range(1,5)
weight_range = ['uniform','distance']
param_grid = dict(n_neighbors = k_range, weights = weight_range,
                  algorithm = algorithm_opt, p = p_range)

print('The parameter dict is:', param_grid)

grid = GridSearchCV(knn, param_grid, cv = 5, scoring = 'accuracy')
grid.fit(my_data[['sepal_length','sepal_width']], my_class)

print('The best score is:', grid.best_score_)
print('The best parameter set is:', grid.best_estimator_)
```

```
The parameter dict is: ['n_neighbors': range(1, 30), 'weights': ['uniform', 'distance'], 'algorithm': ['kd_tree', 'ball_tree'], 'p': range
(1, 5)]
The best score is: 0.82
The best parameter set is: KNeighborsClassifier(algorithm='kd_tree', leaf_size=30, metric='minkowski',
                        metric_params=None, n_jobs=None, n_neighbors=17, p=2,
                        weights='uniform')
```

例 6-9-1(c)中来对 K-NN 建模时的参数进行网格设置,近邻点数还和之前一样,算法设置两种选项,即 kd_tree(多维树)和 ball_tree(超球体树);闵可夫斯基度量的阶数设置为 1～5;加权方式两种选项,即均匀加权和反距离加权。可以屏幕打印这个参数字典结构,确实如我们设置的一样。

调用 GridSearchCV 函数生成实例并初始化,调用 fit 方法对模型进行拟合和检验,最后将最佳性能得分和最优参数屏幕打印出来。可以看到,近邻点数依然选择 17,最优算法是 kd_tree,距离用闵可夫斯基度量,且最优阶数为 2,均匀加权更好。

本节中我们先用 for 循环观察了模型性能随参数的变化,然后学习了用 sklearn 库中的 GridSearchCV 对象实现建模过程中参数的网格化搜索,与 K-折交叉验证相结合,能够寻找最优参数或参数组合,有助于确定模型最终的参数方案。其实,这里我们只能介绍基本的工具使用,而模型的调参是一项艰巨的任务,在实际应用中,还需要结合模型和参数的数学本质、专业领域以及数据科学家的个人经验等来综合考虑。

6.10 集成学习

所谓集成学习,是指将多个模型进行组合,以期获得比任何一个单独的模型都更好的性能。

6.10.1 孔多塞陪审团定理

那么,多个模型的组合真的能提高性能吗？如果答案是肯定的,那么有没有什么前提要求呢？我们先来看一个模拟模型的例子。

例 6-10-1(a) 集成提升性能的仿真。

```python
import numpy as np
import pandas as pd

data1 = np.random.rand(1000)  #[0,1]均匀分布的随机数
data2 = np.random.rand(1000)
data3 = np.random.rand(1000)
data4 = np.random.rand(1000)
data5 = np.random.rand(1000)

pd.DataFrame(data1).hist(bins = 10)

print('data1 的 1000 个数中,有',(data1 > 0.5).sum(),'个数据是大于 0.5 的')
print('data1 的 1000 个数中,有',(data1 > 0.3).sum(),'个数据是大于 0.3 的')
```

data1的1000个数中，有 504 个数据是大于 0.5 的
data1的1000个数中，有 699 个数据是大于0.3的

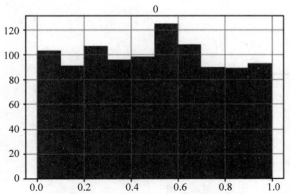

♯大于 0.3 就预测 1，否则预测 0，假设真实值全 1，则预测的 accuracy = 0.7
```
model1 = np.where(data1 > 0.3,1,0)
model2 = np.where(data2 > 0.3,1,0)
model3 = np.where(data3 > 0.3,1,0)
model4 = np.where(data4 > 0.3,1,0)
model5 = np.where(data5 > 0.3,1,0)
```
♯均值数学上相当于预测 1 占所有样本的比例，相当于预测的 accuracy
```
print('第一个模型的 accuracy 是：',model1.mean())
print('第二个模型的 accuracy 是：',model2.mean())
print('第三个模型的 accuracy 是：',model3.mean())
print('第四个模型的 accuracy 是：',model4.mean())
print('第五个模型的 accuracy 是：',model5.mean())
```
♯相当于 5 个预测模型累加平均
```
ensemble_preds = np.round((model1 + model2 + model3 + model4 + model5)/5.0).astype(int)
print('\n 集成模型的 accuracy 是：',ensemble_preds.mean())
```
第一个模型的accuracy是： 0.699
第二个模型的accuracy是： 0.717
第三个模型的accuracy是： 0.703
第四个模型的accuracy是： 0.683
第五个模型的accuracy是： 0.687

集成模型的accuracy是： 0.836

例 6-10-1(a)中用 NumPy 库 random 模块中的 rand 函数分别生成 5 组 0～1 均匀分布的随机数。所谓 0～1 的均匀分布(图 6-10-1)，就是指生成的随机数落在 0～1 中某个区间的概率，与落入其他任何一个同样宽度区间的概率是一样的，例如，落入 0.1～0.2 区间的概率

$$P(0.1 < x \leqslant 0.2) = \frac{0.2 - 0.1}{1 - 0} = 0.1$$

与落入 0.5～0.6 区间的概率

$$P(0.5 < x \leqslant 0.6) = \frac{0.6 - 0.5}{1 - 0} = 0.1$$

是一样的。那么，当样本容量足够大时，落入某区间的样本个数，就只与区间的宽度在数

据值域的占比有关,比如大于 0.1 而小于或等于 0.2 的样本个数,应该大致占数据总量的 0.1 除以 1,也就是 1/10。

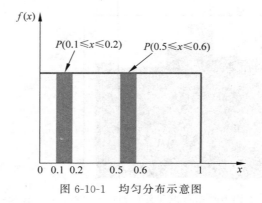

图 6-10-1　均匀分布示意图

针对例 6-10-1(a)中,我们对产生的随机数集 data1 画了直方图。从输出区的图可以看到,确实直方图总体是平坦的。我们还统计了随机数中大于 0.5、0.3 的数的个数,输出区结果显示,确实有近 50% 的数据大于 0.5,而 70% 的数据大于 0.3,与我们均匀分布的设置是一致的。

这个例程序中,我们还可以学习一下对逻辑型数据求和的技巧。这里的 data1>0.5 或 data1>0.3 都是关系表达式,其返回值是逻辑型的 True(1) 或 False(0)。前面说过,逻辑型数据、类别数据是不能做加减法等数学运算的。不过,DataFrame 数据框结构的求和函数 sum() 支持对逻辑型序列求和。其实这个求和的意义不难理解,就是序列中所有返回 1 的总数。这里,我们正是用这个求和得到了大于 0.5 或 0.3 的数据的例数。

回到我们的模拟模型。我们用这 5 组随机数代表对某个潜在二值系统的抽样,然后基于这些抽样,判断数据的真实状态值。

我们的 5 个独立模型都是基于样本数据具体值来做分类判别,当数据大于 0.3 时就判断该样本类别为 1,否则类别为 0。根据之前均匀分布的介绍,会有约 70% 的数据输出类别 1。如果这些样本的真实类别全部是 1,就意味着我们的模型准确率只有约 70%。下面来验证一下。程序中我们又用了点小技巧,对输出的分类结果,也就是 1 或 0 的序列在全部样本集上求均值,得到的值等于准确率。结果显示,5 个独立模型的准确率确实都在 70% 左右。

接下来进行模拟集成。将 5 个模型做累加平均,然后四舍五入取整。5 个或 0 或 1 的数累加平均后仍处于 0~1 之间,四舍五入取整又变成或 0 或 1。所以,这个累加平均得到的依然是模拟分类的标签。

把集成模型的精确度打印下来发现,此时的准确率约 84%,明显高出之前 5 个模型的 70%。很神奇吧! 这就是孔多塞陪审团定理,群体的智慧,也就是集成能够提升判断的准确率。

孔多塞定理其实有两个前提条件:

(1) 做集成的模型之间必须是相互独立的,即一个模型的判断不能影响其他模型的判断。例 6-10-1(a)中是用 5 次独立随机数产生来满足这一点要求的。

(2) 更隐晦一些,我们还是通过模拟仿真来更形象化地说明。

例 6-10-1(b) 集成不提升性能的模拟仿真。

```
# 大于 0.7 就预测 1,否则预测 0,假设真实值全 1,则预测的 accuracy = 0.3
model1 = np.where(data1 > 0.7,1,0)
model2 = np.where(data2 > 0.7,1,0)
model3 = np.where(data3 > 0.7,1,0)
model4 = np.where(data4 > 0.7,1,0)
model5 = np.where(data5 > 0.7,1,0)

# 均值数学上相当于预测 1 占所有样本的比例,相当于预测的 accuracy
print('第一个模型的 accuracy 是: ',model1.mean())
print('第二个模型的 accuracy 是: ',model2.mean())
print('第三个模型的 accuracy 是: ',model3.mean())
print('第四个模型的 accuracy 是: ',model4.mean())
print('第五个模型的 accuracy 是: ',model5.mean())

# 相当于 5 个预测模型累加平均
ensemble_preds = np.round((model1 + model2 + model3 + model4 + model5)/5.0).astype(int)
print('集成模型的 accuracy 是: ',ensemble_preds.mean())
```
第一个模型的accuracy是: 0.27
第二个模型的accuracy是: 0.306
第三个模型的accuracy是: 0.28
第四个模型的accuracy是: 0.295
第五个模型的accuracy是: 0.292
集成模型的accuracy是: 0.145
```
# 大于 0.n 就预测 1,否则预测 0,假设真实值全 1,则预测的 accuracy = 1 - 0.n
model1 = np.where(data1 > 0.7,1,0)
model2 = np.where(data2 > 0.3,1,0)
model3 = np.where(data3 > 0.6,1,0)
model4 = np.where(data4 > 0.2,1,0)
model5 = np.where(data5 > 0.5,1,0)

# 均值数学上相当于预测 1 占所有样本的比例,相当于预测的 accuracy
print('第一个模型的 accuracy 是: ',model1.mean())
print('第二个模型的 accuracy 是: ',model2.mean())
print('第三个模型的 accuracy 是: ',model3.mean())
print('第四个模型的 accuracy 是: ',model4.mean())
print('第五个模型的 accuracy 是: ',model5.mean())

# 相当于 5 个预测模型累加平均
ensemble_preds = np.round((model1 + model2 + model3 + model4 + model5)/5.0).astype(int)
print('集成模型的 accuracy 是: ',ensemble_preds.mean())
```
第一个模型的accuracy是: 0.27
第二个模型的accuracy是: 0.717
第三个模型的accuracy是: 0.388
第四个模型的accuracy是: 0.776
第五个模型的accuracy是: 0.497
集成模型的accuracy是: 0.562

例 6-10-1(b)中,当修改 5 个独立模型的参数,使得它们的准确率都小于 50% 时,再集成它们,发现集成后性能变得更低了,只有不到 15%。如果单个模型性能有好有坏呢?再试一次,发现集成后的性能比差的好,但比好的差,相当于取了好与坏的折中。显然这也不是我们想要的结果。

所以,集成学习提升性能的第二个前提条件就是,单个模型的性能必须高于随机模型。好模型和好模型一起集成,才能得到更好的模型。

接下来,我们来看一个典型的集成——对决策树的集成。

6.10.2 决策树集成

6.5 节中介绍决策树时曾提到,决策树性能与特征选择密切相关。而特征足够多时,如果不限定最大树深度,每个分支可以穷尽所有的特征,以记住所有的训练数据细节,但同时也就意味着,容易造成过拟合。所以实际应用中,决策树的应用是非常有限的,更常用的是对决策树进行集成。

集成的常用方法有两种:一种是 Bagging,也就是 bootstrap aggregation;还有一种就是随机森林。

原始数据集:

1、2、3、4、5、6、7、8、9、10

Bootstrap sample:

2、3、2、8、10、6、5、6、2、9

图 6-10-2　Bootstrap 示意图

所谓的 bootstrap,是一种在原始数据集上允许放回的随机抽样操作。例如,原始数据集是 1～10 的整数,对其做 bootstrap 构造一个仍包含 10 个数据的子集,可能结果如图 6-10-2 所示。

对决策树的 bagging 步骤如下:

(1) 从原始训练集中做 N 次与原始样本容量相等的 Bootstrap sample;

(2) 基于这 N 个 Bootstrap sample 训练出 N 棵决策树;

(3) 集成 N 棵决策树,如果是分类任务,就对 N 棵决策树结果进行投票来决定集成的输出;如果是回归任务,就对 N 棵树的回归结果求平均作为集成的输出。

这个过程中,一般要选择足够大的 N,每棵树的深度也要足够深,以保证低偏差。

第二种集成的方法(随机森林)与 bootstrap 其实很像,主要区别在于,它不是对原始数据集做 bootstrap,而是对特征进行随机挑选。所以随机森林的构造步骤可简单概括为:

(1) 对特征进行 N 次独立随机挑选,每次挑选不少于一定量的特征作为单棵决策树的候选特征;

(2) 基于每个候选特征集合独立构造一棵决策树;

(3) N 棵决策树的结果投票或平均,来形成集成的输出。

sklearn 库 ensemble 模块中的 RandomForestClassifier 对象可以用于构造随机森林模型。我们针对以前在决策树模型介绍中用过的德国银行信用数据来做应用举例。

例 6-10-2 随机森林应用举例。

```python
import pandas as pd
import numpy as np
from scipy import stats
from matplotlib import pyplot as plt

my_data = pd.read_csv("german_credit_data_dataset.csv"))
high_risk = my_data[['customer_type']] - 1
print('The number of high risk is:', high_risk.sum())

from sklearn.tree import DecisionTreeClassifier
from sklearn.model_selection import cross_val_score
from sklearn.ensemble import RandomForestClassifier

feature_col = my_data.columns
X = my_data[['duration']]
for n, my_str in enumerate(feature_col):
    if (my_str != 'customer_type') & (my_str != 'duration'):
        if my_data[[my_str]].dtypes[0] != object:
            X = pd.concat([X, my_data[[my_str]]], axis = 1)

for n, my_str in enumerate(feature_col):
    if my_data[[my_str]].dtypes[0] == object:
        my_dummy = pd.get_dummies(my_data[[my_str]], prefix = my_str)
        X = pd.concat([X, my_dummy], axis = 1)

# print(X.info())
estimator_range = range(10, 400, 10)
my_scores = []

for estimator in estimator_range:
    my_tree = RandomForestClassifier(n_estimators = estimator)
    accuracy_scores = cross_val_score(my_tree, X, my_data['customer_type'],
                                      cv = 5, scoring = 'roc_auc')
    my_scores.append(accuracy_scores.mean())

plt.plot(estimator_range, my_scores)
plt.xlabel('the number of trees')
plt.ylabel('ROC_AUC')

my_RF = RandomForestClassifier(n_estimators = 150)
my_RF.fit(X, my_data['customer_type'])
pd.DataFrame({'feature': X.columns,
              'importance': my_RF.feature_importances_}).sort_values('importance',
ascending = False)
```

```
<class 'pandas.core.frame.DataFrame'>
RangeIndex: 1000 entries, 0 to 999
Data columns (total 61 columns):
duration                      1000 non-null int64
credit_amount                 1000 non-null float64
installment_rate              1000 non-null float64
present_residence             1000 non-null float64
age                           1000 non-null float64
existing_credits              1000 non-null float64
dependents                    1000 non-null int64
checking_account_status_A11   1000 non-null uint8
checking_account_status_A12   1000 non-null uint8
checking_account_status_A13   1000 non-null uint8
checking_account_status_A14   1000 non-null uint8
credit_history_A30            1000 non-null uint8
credit_history_A31            1000 non-null uint8
credit_history_A32            1000 non-null uint8
```

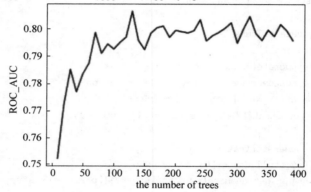

	feature	importance
1	credit_amount	0.102241
4	age	0.077722
0	duration	0.077652
10	checking_account_status_A14	0.047908
7	checking_account_status_A11	0.039347
3	present_residence	0.034465
2	installment_rate	0.033480
15	credit_history_A34	0.021523
26	savings_A61	0.019369
5	existing_credits	0.017395
8	checking_account_status_A12	0.017350
43	property_A121	0.017015

　　德国银行信用数据在决策树的举例中已初步研究过,其中包含 1000 个用户数据,20 个特征,1 个用户类型标签。标签显示,有 300 个用户是高风险用户。例 6-10-2 中我们拟将全部特征都应用来构建随机森林。由于特征中既有数值型数据又有很多类别数据,我们先对类别数据做 one-hot 编码。编码后,通过输出区打印的新特征的 info() 信息

可以看到,特征数变成 61 个。

　　应用 sklearn 库 ensemble 模块中的 RandomForestClassifier 对象,可以构造随机森林模型,然后,使用 sklearn 库 model_selection 模块中的 cross_val_score 函数、通过交叉验证的方式拟合并评价模型。由于 1000 个数据中只有 300 个是高风险,两种类别不平衡,所以采用 ROC 曲线的 AUC 参数来作为性能的评估参数。我们选择不同的独立树的个数来构造随机森林分类模型,并画出了 AUC 随独立树个数变化的曲线。从输出区的结果图可以看出,树的个数超过 150 以后,分类器的性能开始趋于平稳。

　　最后,还可以通过 RandomForestClassifier 对象中的 feature_importances_ 属性来观察各特征在分类中的重要性。数据框的 sort_values 方法可对数据进行排序。输出区结果显示,当前欠款金额是最重要的特征。

　　随机森林是应用最广泛的模型之一。由于集成的优势,其性能与其他任何优秀的模型比起来都不会差太多;同时,随机森林由于本身就有对特征或对数据的重抽样,因此哪怕不特别进行训练集、测试集划分或交叉验证,其性能评价也比其他模型可靠。此外,集成的做法使得特征的重要性也更可靠。

　　但是,由于是多个树的并行结构,随机森林训练和预测起来都比较慢,而且难以像决策树那样可视化理解。

　　本章主要介绍了统计建模、线性回归、Logistic 回归、朴素贝叶斯、决策树、K-means 模型以及随机森林等,如果与第 2 章的数据科学任务类型关联起来,其中,统计模型(统计推断)、线性回归可应用于特征提取(或挑选)、关联化和打分排序等任务,线性回归、Logistic 回归、朴素贝叶斯、决策树和随机森林可用于分类任务,决策树和随机森林还可用于预测数量化的输出值,从而也可以用于排名或打分任务,K-means 模型可以用于聚类任务(图 6-10-3)。对时间序列的预测其本身包涵甚广,本书不做讨论。

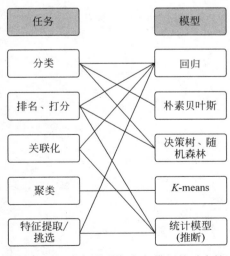

图 6-10-3　数据科学任务与模型的对应性

除了介绍模型,本章还将模型的选择与评价穿插其中,并对一些深入话题如偏差-方差权衡、K-折交叉验证、集成学习进行了简单介绍。那么,读者现在是否能够尝试针对一个我们没有用过的数据来自己构建一个模型并评价性能呢? 网站 https://www.kaggle.com/datasets 上提供了很多数据文件,不妨去找一个文件试试吧。

思考题

6-1 通过本节的学习,我们知道之前对于 Titanic 数据中求的统计平均,统计标准差是可以作为总体的参数点估计的。现在试试对于不同舱位等级的分组,做个船费均值的 95% 置信水平的区间估计。

6-2 第 5 章的描述性统计中,当时我们观察到了随着"舱位等级"的不同,"船费""年龄""同行人数"等特征的均值都呈现出组间差异,但是,这些差异哪些是显著性的,哪些不具备统计学显著性? 请根据合适的假设检验得出你的结论。

6-3 降压药对血压的控制效果,如何验证? 数据如何搜集? 如何进行假设检验?

6-4 下载一个数据文件,在基本的 EDA 之后,分别完成一个预测任务和一个二分类的任务。

第 **7** 章

结果展示

至此,我们已经完成了建模并测试、评价了模型性能。接下来,就该展示我们的结果了。

结果展示,是在一段较短的时间之内,向别人展示你的数据科学项目的目的、实施情况,以及结果或结论,可以是口头报告辅以一些视觉展示(如幻灯片),也可以是稍微详细的海报展示辅以必要的提问回答。本章首先介绍面向不同听众对象时的展示重点,然后简单介绍展示中的常用可视化策略。

7.1　区分面向对象的结果展示

根据所面对听众的不同,结果展示也应有不同的侧重,因为不同的听众有不同的兴趣点和关注。一般而言,听众可以大致分为三类:出资方、用户和数据科学家(即同行)。我们来看一下面临这三种不同对象时,可以如何组织结果展示(见图7-1-1)。

面向出资方	面向用户	面向同行
1. 项目动机和目标 **2. 项目结果** 3. 项目执行情况 4. 讨论、建议和展望	1. 项目动机和目标 2. 项目结果 **3. 项目成果如何改善用户的工作(或体验)** **4. 应用流程的具体示例**	1. 项目动机和目标 2. 相关背景调研 **3. 本项目关键技术方法** **4. 结果与发现** 5. 未来可能的工作

图 7-1-1　面向不同展示对象时的结果展示顺序和侧重

7.1.1　面向出资方的结果展示

第1章中曾经介绍过,出资方是我们项目的最终签收方,因此项目的验收都少不了向出资方汇报和展示结果。那么面向出资方时,我们要如何组织结果展示呢?

首先我们要认识到,出资方最在乎的是项目实施的结果是否达到预设目标,而且主要是从经济与社会效益层面,以及应用层面来考量。出资方一般不是数据科学专家,因而往往不会关注太多数据科学层面的内容。因此,面对出资方作总结汇报时,可参考以下逻辑来介绍:

(1)项目动机和目标;

(2)项目结果;

(3)项目执行情况;

(4)讨论、建议和展望。

其中,项目的动机和目标中主要介绍项目的立项背景和意义,并提出明确、具体的最好是量化的目标；项目结果中，要明确表明是否达到了项目最初设定的目标，或达到了哪些目标，如果有未能实现的目标，还需要对未能实现的原因进行分析与说明；项目执行情况中一般除了介绍项目宏观层面的操作执行外，还需要涉及项目资金的计划与执行，包括预算与决算信息，当决算与预算差别很大时，需给出合理性解释；讨论、建议和展望中，则主要介绍当前或进一步工作面临的关键问题或困难，可能改善或改进的方向，以及未来愿景。

上述整个流程中，我们应特别突出项目的结果，在介绍完项目目标后，即尽快地进入结果介绍，并与目标呼应。同时，在项目执行、讨论、建议和展望等环节，也主要着眼于投资方更熟悉、更关心（诸如管理、财务、应用等层面或资源获取方面）的话题。整个汇报的主线一般不必涉及数据科学的技术细节，除非有某些被广为人知的技术性难题在项目中有了重大突破，可以作为项目的闪光点介绍，否则，对于一些技术细节和具体应用举例，只需作为附件或提问环节的素材来准备，如果验收会议中出资方有人关心而问起，可拿来作为补充。

以一个重症监护室（Intensive Care Unit，ICU）大数据项目的展示为例来进行说明。

例 7-1-1（a）　　面向出资方的项目展示举例。

面对出资方，我们首先应简要说明本项目的背景，也就是为什么要设立本项目。例如这个项目中，背景就是重症监护消耗的医疗费用居高不下、但死亡率依然很高。由此引出项目的意义：对于 ICU 病人的病情发展进行准确预测，有助于对高风险病人提前干预，以降低 ICU 死亡率，并促进医疗资源的合理分配。

然后是明确的目标：实现对 ICU 病人的病情发展的准确预测，对高风险病人提前干预，将某医院 ICU 死亡率从现在的 XX 降低到 XX（XX 处应该是具体的数字信息）。

接下来可直接进入到要重点突出的结果：我们的项目通过对 ICU 病人病情发展的准确预测，在 X 试点医院，突发紧急个案从以前的 XX 降低到了 XX，ICU 死亡率从以前的 XX 降低到了 XX；应用该模型一年后，该医院 ICU 消耗的医疗费用从 XX 下降到 XX。这里，出具的数据必须是有可靠认证的数据，必要时需给出数据的来源或权威认证报告。

然后是简明扼要说明项目的执行，也就是我们是怎么做的：我们收集了过去 XX 年 X 医院 XX 位 ICU 病人的多少种生理监护数据，并追踪病人住院期间直至出院后 XX 时间内的健康状况，构建了数据库，基于上述数据库，构建了预测模型。整个项目经费决算与预算基本一致，其中仅设备购置费由于 X 原因比预算超出了 XX，但相应地在设备租赁费上减少了 XX 支出，从而保证了总体支出与预算一致。同时，由于购置设备在下一期的推广阶段能继续使用，从而下一期的项目预算可以减少 XX。

最后是项目未来愿景：本项目成果可推广到 XX 家医院，同时扩充病人数据库到 XX 规模，最终带来预期 XX 经济效益或社会效益，等等。

7.1.2　面向用户的结果展示

当我们面对用户时，由于用户是项目产品的最终使用者，关注点又有所不同。此时展示目的主要是让用户确信需要你的项目成果或产品（例如一个数据科学模型），介绍该

模型的应用将如何影响用户的工作或体验,并教会用户使用该模型并理解模型输出。因此,面向用户展示的流程一般包括:

(1) 项目动机和目标;

(2) 项目结果;

(3) 项目成果如何改善用户的工作(或体验);

(4) 应用流程的具体示例。

需要注意的是,尽管同样是项目动机、目标和结果,面向不同对象时,介绍的侧重点是不一样的。面向用户时,动机、目标和结果都应以对用户的影响为着眼点。接下来,是整个展示的重点,即说明作为项目成果的数据科学模型如何融入或改进了用户的工作流程,以及用户要如何使用该模型。

我们来看看同一个 ICU 大数据项目,面向用户时可以如何展示。

例 7-1-1(b) 面向用户的展示举例。

本例中的 ICU 大数据项目,最终的用户是医院和医生,因而展示的着眼点应该是医院和医生的切实需求,或者说本项目能给医院和医生解决什么问题。

在项目背景中,除了常规的社会与经济因素外,我们还可以特别强调:在 X 医院,重症监护室的医护人员与病患比为 XX,医护人力资源紧张,医护人员每周平均工作时长为 XX 小时,医护人员工作任务繁重。然而,ICU 的死亡率依然高达 XX,结果不好,对医护人员造成巨大心理压力,并容易加重医患矛盾。

由此引出项目意义:对 ICU 病人的病情发展进行准确预测,并辅助医护人员自动给出高风险病人的提前干预方案,能大大提高医护效率,促进医疗资源的合理分配,减轻医护人员工作压力和心理负担,并有助于缓解医患矛盾。

相应地,在项目目标中,也应陈述与医院、医生密切相关的目标:通过对 ICU 病人的病情发展的准确预测与自动化干预方案建议,将 X 医院 ICU 死亡率从现在的 XX 降低到 XX,并让医护人员的周平均工作时间从 XX 降为 XX。目标之后应明确地表明目标是否达到。

然后重点说明项目的产品或模型要如何融入用户原来的工作,以及为什么能给用户带来改善:产品模型将原来不同监护设备的监护信息集成到一起,通过融合不同的监护信号与数据,给出一个病患状态的综合评价指标,改变了医护人员原来同时对应多台仪器的工作局面;而通过信息融合后获得的综合指标对病人的状态评价更准确,在大大降低虚假报警率的同时,提高了对病患潜在危险状态感知的敏感性。

最后,则可以通过一个更具体的项目应用举例,来介绍使用该模型的流程,例如在一个常规应用场景下使用模型的配置与操作清单。

7.1.3 面向数据科学家的结果展示

当我们面对的是同行的数据科学家时,则展示内容又大有不同。数据科学家会从数据科学的专业层面来关注我们的项目,特别是相对于其他工作,本项目在科学或技术上取得突破的地方。此时我们介绍的流程主要应包括：

(1) 项目背景；

(2) 相关工作调研；

(3) 本项目的关键技术与方法；

(4) 结果与发现；

(5) 讨论未来可能的工作。

其中，项目背景中主要是介绍从数据科学层面，项目要解决一个什么问题，以及解决该问题的意义；相关工作调研中，则主要介绍针对该问题，同行之前已经有哪些研究与积累，是否有什么特别的技术难点；然后介绍本项目的核心方法与结果、结论，在同行展示中，这是同行们最关心的，因而是展示的最重要部分，我们可以在这里展示项目关键性技术的细节，以及重要的技术突破或科学发现；最后的讨论与愿景，也应基于数据科学和技术层面来给出，一般不宜太宏观，而是要尽可能地给出一到两个明确的技术上可改进的点。

还是以同一个 ICU 大数据项目为例，看看我们在面向同行时可能采用的展示。

例 7-1-1(c) 面向数据科学家（同行）的展示举例。

在项目背景中，除了介绍应用层面的问题之外，还进一步揭示数据科学层面的问题：ICU 死亡率居高不下，是一个对病患的病情发展预测不足问题。

接下来，在相关工作介绍中，扼要陈述在问题所涉及的领域（ICU 病人死亡风险预测）中，已有的主要代表性研究和结论，并突出说明不能解决该问题的关键科学或技术难点是什么。例如，各种典型生理信号或参数与人的生理状态是一个复杂的非线性关系，目前尚未能有传统数学模型能准确刻画这一关系。

然后，介绍本项目的方法。这是同行们最关心的地方，因此是展示的重点。说明时，一般应与相关工作调研中提到的关键科学或技术难点相呼应，介绍我们具体采用了哪些方法和手段去解决难点。例如，我们融合了多种不同生理信号和数据，利用 X 机器学习模型的强大非线性拟合能力，最终实现了对前述复杂非线性关系的刻画。

之后，同样非常重要地，介绍数据科学层面的结果与发现。例如，应用我们的方法或模型，我们预测的敏感性 XX，特异性 XX，能提前 XX 时间进行高危预警；预测公式可表示为 XX，r^2 为 XX，其中 X 参数与风险高度相关，线性相关系数达到 XX，等等。还可以包含一些技术层面的指标，例如该模型一次预测需采集的最短数据长度、消耗的机器时间等。

最后，介绍未来可能的工作，例如，实际监护中常常面临某些监护数据缺失的情况，此时模型要如何优化才能具备同样的性能，是项目下一步要研究的方向，等等。

以上就是面向三种典型用户时可以采用的展示方案。总结一下，因为不同的听众有不同的关注点，所以在展示时应根据听众的需求来确定展示的侧重点。其实这条原则，不仅在做数据科学项目汇报时适用，在其他任何需要展示自己的场合都是适用的。

7.2 展示过程中的可视化

在结果展示时,为了快速向听众传递信息,我们常常会应用各种图像化的方式来进行结论展示,也就是数据或结论的可视化。之前在描述性统计中介绍的图形化方法,以及在决策树中介绍的决策树图(参见例6-5-2),都属于可视化的具体方法。

7.2.1 展示可视化的两个层面

基于其传递信息的目的,可视化也须同时从两个层面来考虑。

1. 科学层面

可视化首先是对数据及其引申出来的结论进行准确、无歧义的表示与表达。这就要求必须保证可视化时数据表现的准确性,特别是不能为了视觉效果而篡改或故意扭曲信息,从而对观众进行误导。同时,也要求我们在图中给出数据范围、单位(量纲)等必要信息。

2. 人的层面

可视化也要尊重人的逻辑习惯与主观感受,例如相比没有逻辑性的信息,人更容易接受有统一逻辑组织的信息;相比枯燥的数字间比较,人可能更容易感受形状大小的差异、曲线位置的高低,等等。充分利用人的感觉和认知习惯,才能在短时间之内给观众留下深刻印象,达到我们期望的理想效果。

因此,可视化既是科学,也是技巧,甚至可成为一种艺术。此时,可视化也并不局限于用 Python 实现,为了更好地传递信息,可以采用除了 Python 以外的任何方便的应用软件或工具。

7.2.2 展示可视化的三点基本原则

具体到操作上,建议在展示阶段的可视化遵从以下三点基本原则。

1. 可视化的具体方法视我们要传递的信息而定

我们通常的展示可大致分为对状态(由参数或数据描述)的展示、对过程的展示和对关系的展示(见图 7-2-1)。其中对状态的展示又可能涉及时序变化展示、分布展示、(分组)对比展示(图 7-2-1),等等。

时序变化展示是指展示某个参数随时间的变化。最基本的时序变化展示方式就是绘制时序图,也就是用 X 轴来代表时间,Y 轴代表该量化参数,把参数随时间的演变曲线描记下来。图 7-2-2 所示就是描记一位 ICU 病人连续三天中心率随一天的时间从早到晚变化的时序图。在一些高级可视化中,用一个具体的可变形象代表要表现的参数,然后采用动画的方式来直观表现其随时间的演化,有助于给观众留下深刻印象。

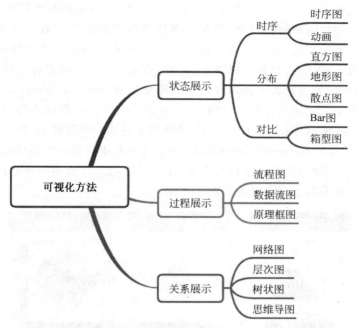

图 7-2-1　根据要传递的信息确定可视化方法(思维导图形式)

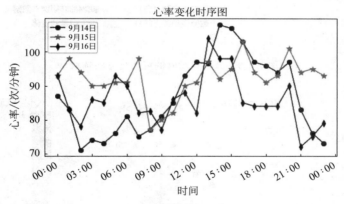

图 7-2-2　时序图举例

(图中就一位患者不同三天中的心率,展示了其时序变化,横轴代表时间在
一天中的不同时刻,纵轴则代表对应时刻测量得到的心率。三条不同颜色
不同标记的曲线分别代表不同的三天)

　　分布展示是指要反映某个参数随其他参数的变化。例如常见的一种是样本发生概率(或样本出现频次)随某参数或参数区间的变化,联系第 5 章的描述性统计中的知识,直方图(如例 5-3-5)是常用的一种展示方式(图 7-2-3)。而如果要展示一个数值型参数随另一个或两个数值型参数的变化,或者同时体现样本在两个或三个数值型参数上的分布,则可以尝试散点图(如例 5-3-9)描述,此时点的聚集趋势能反映出参数间的相互关系,

而点的疏密程度能定性地反映出样本在不同参数区间中出现的频次。还有一种常见的情况是展示某个参数随空间的变化,例如样本出现频次随空间位置的变化,或其他非频次参数随空间位置的变化。此时,最直接的展示手段就是构造参数的分布地图,在有些领域也被称为地形图、热力图等。如图 7-2-4 中,将主要城市的位置在地图中用圆标记出来后,用圆内的不同颜色来表示各城市的空气质量指数(Air Quality Index,AQI),色调从冷到暖对应着空气质量从好到坏,因此图中容易看出华北一带城市的空气质量比其他区域普遍要差一些的总体趋势。试想一下,如果不采用这种地图展示,而是直接将 300 多个城市的 AQI 用 bar 图在一张图中画出来,观众想要从中获得一个整体印象则要困难得多。总体而言,当要展示的数据条目非常多,而数据本身又有明确的坐标(位置)信息时,采用地图就是一种非常直观而高效的展示方式。

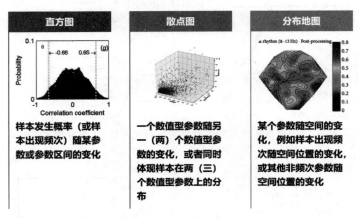

图 7-2-3 分布展示时的可视化方法选取

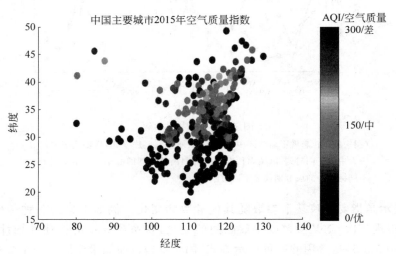

图 7-2-4 分布地图举例

(图中用分布地图展示了中国 300 多个主要城市 2015 年的空气质量指数,每个小圆圈
对应一个城市,其内的颜色则代表空气质量指数)

　　对比展示是指要展示的信息不是分立的某个参数,而是参数在不同分组之间的比较结果,强调的是组间的对比关系和差异性(如果有的话)。前述的时序变化展示和分布展示都可以直接拿来进行组间对比,只要其本身能体现出足够醒目的组间差异。更简单地,则是对可比较大小的数值型参数进行组间比较,此时,第 5 章介绍过的柱状(bar)图、箱型图等都是不错的选择。而当对比的若干组总量恒定时,常用饼图来表示各组的占比及其排序关系也是一目了然。

例 7-2-1　用于比较的箱型图绘制举例。

```python
import pandas as pd
from matplotlib import pyplot as plt
import seaborn as sns
my_data
pd.read_csv("C:\Python\Scripts\my_data\german_credit_data_dataset.csv")
my_dict = {'A71':'unemployed', 'A72':'< 1 year', 'A73': '1 - 4 years',
           'A74' : '4 - 7 years', 'A75' : '> = 7 years'}
fig = plt.figure(figsize = (10,6))
sns.set(style = 'whitegrid')
sns.set_context("talk")
h = sns.boxplot(x = 'present_employment', y = 'credit_amount', data = my_data,
            palette = sns.color_palette("ch:2.5, - .2, dark = .3"),
            linewidth = 2, width = 0.5, fliersize = 6,
            order = ['A75','A74','A73','A72','A71'])
ax = plt.gca()
ax.set_xticklabels([my_dict['A75'], my_dict['A74'], my_dict['A73'],
                my_dict['A72'], my_dict['A71']], fontsize = 15)
ax.set_xlabel('Employment Status')
ax.set_ylabel('Credit Amount (DM)')
ax.text(2.5, 17600, '1000 Applicants in total', color = 'b')
```

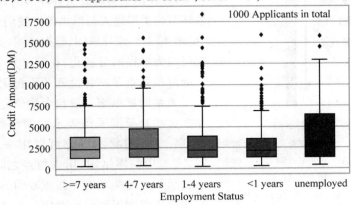

例 7-2-2　考察 1000 个贷款申请客户的雇员状态占比并绘制饼图。

```python
import pandas as pd
from matplotlib import pyplot as plt
my_data
pd.read_csv("C:\Python\Scripts\my_data\german_credit_data_dataset.csv")
plt_data = my_data[['duration','present_employment']].groupby('present_employment')
```

```
share = plt_data.count().values/plt_data.count().values.sum()
labels = ['Unemployed', '< 1 year', '1 - 4 years', '4 - 7 years', '> = 7 years']
explode = [0, 0, 0, 0, 0.1]
fig = plt.figure(figsize=(6,5))
plt.pie(share, explode = explode,
        labels = labels, autopct = '%3.1f%%',
        startangle = 180, shadow = True,
        colors = ['red','tomato', 'yellowgreen', 'springgreen', 'lime'])
plt.title("Employment status of 1000 applicants")
plt.show()
```

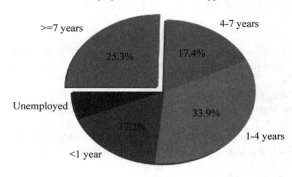

除了对状态的可视化,对过程和关系的可视化展示常常也是需要的,此时不必局限于用代码编程来实现,而是可以借鉴各种方便的绘图工具或应用软件。

过程的展示一般须包含构成完整过程的关键环节,并在图中明确表明各环节的先后顺序,以及各环节的关键输入与输出等。我们常见的流程图(见图 4-5-2)、原理框图、数据流图(见图 1-5-1)等,都可归为过程的可视化,在第 6 章介绍过的决策树的可视化也是一种过程的可视化展示。

关系的展示则一般包含要研究的所有对象,并在这些对象间明确表示两两间的关系。网络图、层次图、树状图等都可以用来展示关系,如图 7-2-5 中的网络图,用点与点之间连线的虚实来表示两点间关系的加强或减弱的变化,而具体的变化程度则用颜色来对应。此外,近年来流行的思维导图也可视为一种关系的可视化展示,如

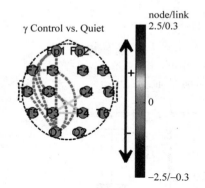

图 7-2-5 网络图举例

(图中用网络图展示了不同节点间的某种相关关系在不同状态下的改变。节点间有连线即表示节点间的此种关系有明显改变,实线代表增强型改变,虚线代表减弱型改变,颜色则对应具体改变量的大小)

图 7-2-1 所示。

2. 可视化要具备自明性,既包含图本身,也包含图中注解

采用可视化手段后,我们一般不会再用大量的文字对图进行说明,此时若希望观众能迅速抓住图中传递的信息,必须在图中给与必要的注解。

最基本的要求是,对于图中要表示的各种参数,都要明确标注。例如在二维坐标系中,X 轴代表什么、Y 轴代表什么(见图 7-2-2);两轴各自的单位(量纲),如果有,是什么;坐标轴上的刻度代表多大的数值范围。再如,在地形图中用不同颜色渲染所代表的参数是什么,其单位(如果有)是什么,颜色条(colorbar)对应的该参数的取值范围是什么,等等,都需要在图中明确标注(如图 7-2-4 空气质量地图)。

然后是对图中分组信息的区分和标注。在进行分组对比时,为不引起混淆,常常用不同的颜色或标记符来区分不同的组,那么各种颜色、标记符各自对应哪个组,必须在图中给出注解,如图 7-2-2 时序图中用三种不同的颜色和标记符来区分不同的数据采集日期。

3. 合理选择一幅图中的信息容量和信息分辨率

可视化的目的是快速地给观众留下深刻印象,成功与否还必须考虑人通常的在短时间之内的信息接受容限。一般而言,如果一幅图中包含超过 6 个非逻辑连贯的信息,观众要快速接受就存在困难了。例如,我们要对比用 7 个不同颜色(或标记符)来表示的 7 条时序曲线,如果这 7 条曲线之间并没有一个统一、连贯的关系,那这幅图在一般人看来就很难获取到其中的重点。近年来特别热门的思维导图,其本身作为一种供深入学习的组织与检索图是适宜的,但体系宏大、过于错综复杂的思维导图,作为展示手段,其能快速给观众的印象仅限于"哇哦,这是个复杂的体系",如果想快速让观众获取其中细节信息,这种思维导图并不合适。同样的原则也适用于网络图。

另外,在同样的区间(范围)内,现在的计算机表达数据的精细程度已远远超过人的视觉分辨率。所以,在可视化展示时,必须考虑到人眼本身的分辨力局限,如果想展示的细节超出了人眼分辨力的极限,那么这种展示也达不到预期效果。

例 7-2-3 以下是对 ebay 上出售的所有注册年份在 2016 年之前的德国二手车按 40 个品牌分类的价格信息展示图,你认为这是一种成功的可视化吗?

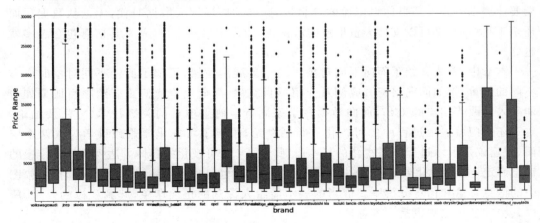

解析:总体而言,上图不能算是成功的可视化,因为读者无法从中快速获得信息,甚至图中也根本没有尝试归纳出某种信息。其中未经逻辑组织的数据有 40 条,我们不仅不能明白这些数据之间的相互关系,即便是它们各自对应哪个品牌这种基本信息,读者

也完全无法看清,因为 x 坐标轴上的品牌标注完全重叠在一起。如果真的希望包含完整的 40 个品牌的价格信息,分组也许是一种可能的解决方法。

在改进的图 7-2-6 中,我们把与其他品牌差异最大也是价格最高的 4 个品牌的价格(均值)单独用 bar 画出来了,其余 36 个品牌,依然依据价格划分为"高价""中等""低价"三组,分别用 bar 画出三组的平均价格,这样整幅图按价格降序排列提供总共 7 个数据,读者还是比较容易接受的。我们想突出的重点(4 个顶级品牌,以及它们与其他 36 个品牌之间巨大的价格差异)相信都会给读者留下印象。而其他 36 个品牌,我们可以根据图中标注的品牌分组,快速检索到该品牌处于什么价位,以及该品牌处于同等价位中的价格排名。至于 smart 到底比 citroen 价格贵出多少,相信在目前的价格区间中,体现并不那么明显。

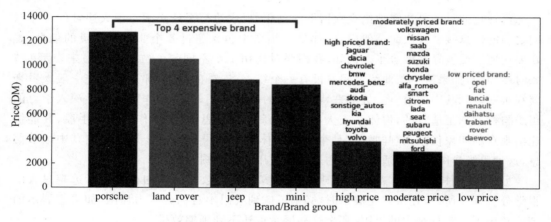

图 7-2-6　40 个品牌二手车价格较合适的可视化

从例 7-2-3 中我们可以体会到,结果展示时的可视化,首先要有清晰的展示逻辑,然后要让展示方式能凸显你想传递的逻辑信息。同时,尽管大数据时代,无论从数据层面还是工具层面,都可以支持大量信息的可视化,但作为展示手段,并不是信息包含越多就越好。

本章中,首先介绍了面向不同对象时的结果展示逻辑,了解了面向不同对象时应有不同的侧重,例如面向出资方应侧重介绍项目结果,面向用户应侧重介绍项目成果如何能融入并改善用户的工作,面向数据科学家同行应侧重项目的关键技术、方法及结论。本章还专门就展示过程中的可视化进行了介绍,了解了可视化要兼顾科学与人两个层面,并建议了展示过程中可视化的基本原则,包括:①可视化的具体方法视我们要传递的信息而定;②可视化要具备自明性,既包含图本身,也包含图中注解;③合理选择一幅图中的信息容量和信息分辨率。恰当的展示能给人深刻的正面印象,起到积极的效果,所以其中的各种原则也是不容忽视的。

结　语

　　至此,我们已经走完了一个数据科学项目的流程。在这个流程中:

　　我们起始于问题的定义,先明确现实世界即用户观点的问题,进而抽象化形成数据科学观点的问题,并就两个层面都制定出明确、具体的目标。

　　然后,针对待解决的问题,提出前提假设,设计相应的数据和实验方案,通过可行性分析后就能确定数据构成并进行数据搜集和实验了。其中,我们特别强调了避免抽样偏差以及避免混杂因素影响。

　　获取数据后需要先进行探索性数据分析(EDA),包括数据的检查(如了解数据的意义、组织形式、数据规模及特征的意义及数据类型等,并尽量排除数据泄露的情况)、数据的预处理(如缺失处理、异常处理和冗余处理等)、描述性统计以获得初步印象及提示。

　　根据 EDA 获得的提示,结合数据科学层面的任务类型,建立合适的模型来深入探索数据,具体介绍了传统统计模型(亦即统计推断),常用于预测的线性回归,常用于分类的 Logistic 回归、朴素贝叶斯、决策树,用于聚类的 K-means 模型等;还特别介绍了建模-模型应用过程中常见的偏差-方差困境问题并给出了避免的建议;最后以决策树的集成为例简单介绍了集成模型。

　　我们将性能评价的介绍主要穿插在建模介绍中,包括"用什么评价""对谁评价"以及"以什么为标准来评价",其中"用什么评价"介绍了针对不同任务的评价指标(如分类任务评价的混淆矩阵,线性预测任务评价的 RMSE、r^2,特征线性分类能力评价的 ROC_AUC 等);"对谁评价"中强调了有监督模型区分模型建立和模型应用两个阶段,应该在模型应用阶段进行评价,或者说应该对模型在未学习过的新数据上的性能进行评价,并由此介绍了训练集-测试集划分和 K-折交叉验证;"以什么为标准来评价"中则介绍了应以同行在同类工作中达到的水平作为参照标准,缺乏该类参照时,应以空模型的性能为最低标准。

　　最后,我们介绍了如何在项目完成后进行结果展示,其中强调了应针对我们的展示对象来调整展示的侧重,并就结果展示阶段的可视化给出了一些建议。

　　事实上,作为数据科学的导论性介绍,本书对很多内容的介绍还只是浅尝辄止,感兴趣的读者可以继续对相关内容做深入的钻研。但不管怎样,作为一门应用性很强的学科,我们的深入最好结合着实际应用的演练来推进。我们也希望,通过本书的学习,读者能将数据科学的基本思维方法切实应用到现实工作与生活中。

　　所以从现在开始,请开启你的探索数据奥秘之旅吧!

参 考 文 献

［1］ 工业和信息化部无线电管理局（国家无线电办公室）. 中国无线电管理年度报告（2018 年）［R/OL］.（2019-03-25）［2020-04-01］. http://www. miit. gov. cn/n1146290/n1146402/n1146440/c6692260/content. html.

［2］ Wiki. Big_data［EB/OL］.［2020-04-01］. https://en. wikipedia. org/wiki/Big_data.

［3］ Reinsel D, Gantz J, Rydning J. The Digitization of the World：From Edge to Core［R］. Seagate. com. Framingham, MA, US：International Data Corporation. ,2018.

［4］ Hey T, Tolle K M, Tansley S. The Fourth Paradigm：Data-intensive Scientific Discovery［R］. Microsoft Research, 2009.

［5］ Markoff J. Essays Inspired by Microsoft's Jim Gray, Who Saw Science Paradigm Shift［R/OL］. The New York Times.（2019-12-15）［2020-04-01］. https://www. nytimes. com/2009/12/15/science/15books. html.

［6］ Mckinsey Global Institute. Big data：The next frontier for innovation, competition, and productivity［R］,2011.

［7］ Rometty G. Big Data is the world's natural resource for the next century［R/OL］. Armonk, NewYork, US：International Business Machines Corporation.（2014-5-14）［2020-04-01］. https://www. dmnews. com/customer-experience/news/13057433/big-data-is-the-worlds-natural-resource-for-the-next-century-ibm-ceo-ginni-rometty.

［8］ Davenport T H, Patil D J. Data Scientist：The Sexiest Job of the 21st Century［J/OL］. Harvard Business Review,2012(10)［2020-04-01］. https://hbr. org/2012/10/data-scientist-the-sexiest-job-of-the-21st-century.

［9］ 新华社. 习近平主持中共中央政治局第二次集体学习并讲话［EB/OL］.（2017-12-09）［2020-04-01］. http://www. gov. cn/xinwen/2017-12/09/content_5245520. htm.

［10］ Rosenberg E, Wong H. This Ivy League food scientist was a media darling. He just submitted his resignation, the school says. The Washington Post.（2018-09-20）［2020-04-01］. https://www. washingtonpost. com/health/2018/09/20/this-ivy-league-food-scientist-was-media-darling-now-his-studies-are-being-retracted/.

［11］ Wiki. Data_science［EB/OL］.［2020-04-01］. https://en. wikipedia. org/wiki/Data_science.

［12］ Ozdemir S. Principles of Data Science(数据科学原理)［M］. 影印版. 南京：东南大学出版社,2017.

［13］ 乔丹·艾伦伯格. 魔鬼数学［M］. 胡小锐,译. 北京：中信出版社,2015.

［14］ 格鲁斯. 数据科学入门［M］. 高蓉,韩波,译. 北京：人民邮电出版社,2016.

［15］ 舒特,奥尼尔. 数据科学实战［M］. 冯凌秉,王群锋,译. 北京：人民邮电出版社,2015.

［16］ 阿尔贝托·博斯凯蒂,卢卡·马萨罗. 数据科学导论：Python 语言实现［M］. 于俊伟,靳小波,译. 北京：机械工业出版社,2016.

［17］ 朱梅尔,芒特. 数据科学：理论、方法与 R 语言实践［M］. 于戈,等译. 北京：机械工业出版社,2016.

［18］ 杨旭. 数据科学导论［M］. 北京：北京理工大学出版社,2014.

［19］ 朝乐门. 数据科学［M］. 北京：清华大学出版社,2016.

［20］ 喻梅，于健.数据分析与数据挖掘［M］.北京：清华大学出版社，2018.

［21］ Kaufman S，Rosset S，Perlich C. Leakage in data mining：formulation，detection，and avoidance［C/OL］. KDD '11：Proceedings of the 17th ACM SIGKDD international conference on Knowledge discovery and data mining，2011［2020-04-01］. https://doi. org/10. 1145/2020408. 2020496.

［22］ Perlich C，Melville P，Liu Y，et al. Breast Cancer Identification：KDD CUP Winner's Report［C/OL］. ACM SIGKDD Explorations Newsletter，2008［2020-04-01］. https://doi. org/10. 1145/1540276. 1540289.

［23］ Ma X，Huang X，Ge Y，et al.（2016）Brain Connectivity Variation Topography Associated with Working Memory［P/OL］.（2016-12-08）［2020-04-01］. PLoS ONE . 2016，11（12）：e0165168. doi：10. 1371/journal. pone. 0165168.

图书资源支持

感谢您一直以来对清华大学出版社图书的支持和爱护。为了配合本书的使用，本书提供配套的资源，有需求的读者请扫描下方的"书圈"微信公众号二维码，在图书专区下载，也可以拨打电话或发送电子邮件咨询。

如果您在使用本书的过程中遇到了什么问题，或者有相关图书出版计划，也请您发邮件告诉我们，以便我们更好地为您服务。

我们的联系方式：

教学资源·教学样书·新书信息

地　　址：北京市海淀区双清路学研大厦 A 座 701

邮　　编：100084

电　　话：010-83470236　010-83470237

资源下载：http://www.tup.com.cn

客服邮箱：tupjsj@vip.163.com

QQ：2301891038（请写明您的单位和姓名）

用微信扫一扫右边的二维码，即可关注清华大学出版社公众号。

人工智能科学与技术
人工智能|电子通信|自动控制

资料下载·样书申请

书圈